謎解き・津波と波浪の物理

波長と水深のふしぎな関係

保坂直紀　著

ブルーバックス

制作協力：東京大学海洋アライアンス

カバー装幀／芦澤泰偉・児崎雅淑
カバーイラスト／ⒸShigeru Hoshino/a.collectionRF/amanaimages
章扉写真／Ⓒ新海良夫／アフロ
動画制作／丹羽淑博
本文デザイン・図版制作／あざみ野図案室

まえがき

ときどき、海を見に行きたくなる。海辺の料理屋で新鮮な刺身を食すのもよし、磯の香に包まれるのもよし。だが、海に惹《ひ》かれる心の底にあるのは、きっと海の波なのだと思う。

やむことなく波は寄せる。ゆるやかに弧を描く砂浜にも、荒々しい磯にも。砂浜に近づいた波はザーッと音をたてて白く崩れ、もうすこしだけ浜を駆け上がる。つかの間の静けさ。それを破るように、次の波がまたやってくる。

太陽がやっと力をつけてきた春の海。焼けるようなまぶしい夏。そして、秋の夕暮れ。波は遠くからやってきて、岸で砕《くだ》けてその一生を終える。波の音にどこか寂しさを感じるのは、そのはかなさゆえだろうか。

海の波はしかし、ときとして人々の暮らしに容赦なく襲いかかる。2011年3月11日。東日本大震災で三陸地方などを襲った津波は、場所によっては40メートルの高さにまで到達し、死者と行方不明者は2万人近くにおよんだ。

海には波がある。四方を海に囲まれて生きるわたしたち日本人にとって、これはもう、あらためて思うまでもないあたりまえのことなのだろう。残念なのは、この海の波について、小学校や中学校、そして高校でさえも教えていないことだ。同じ波でも、音波は高校の物理で習うが、水面にできる波はあつかわない。海岸に行けば波が寄せてくるし、池にカエルが跳び込んでも水面に波ができる。水面の波は、こんなにも身近だというのに。

　これから、津波と、風が海につくりだす波についてお話ししていこうと思う。

津波と風がつくる波は、どこが同じで、どこが違うのか。そもそも、海面の波はどのようなしくみで伝わるのか。

津波がジェット機なみの速さでやってくるというのはほんとうなのか。

波をつくる風の向きはさまざまなはずだが、波はどうしていつも、岸に向かってまっすぐ押し寄せてくるのだろう。

　じつは海には、大きく分けて2種類の波がある。「海底を感じている波」と「海底を感じない波」だ。前者は、海の深さを感じとって、進む速さを変える。波はまるで、生き物のような存在なのだ。

　はるか遠くの台風からやってくる「うねり」。これももちろん海の波だが、ふしぎなことに、うねりは、うねりが進む速さの半分のスピードでやってくる。「うねりの速さがうねりの速さの半分」とは、いったいどういうことなのか。こんな奇妙なことが、現実の海で起きている。

海の波には、ふしぎがいっぱいだ。

じつは、小中学校や高校で水面の波について教えないのには、訳《わけ》がある。とてもなじみ深い現象なのに、その数学的な取り扱いがかなり難しいのだ。水の波がはじめて登場する大学の教科書では、まず式をたて、それを解いて出てきた答えをもとに波の性質を説明していく。つまり、数学の力量がなければ理解できないしくみになっている。

海流についてお話しした前著『謎解き・海洋と大気の物理』（講談社ブルーバックス）と同じように、この本では数式を使わない。数式を使わずに、ぎりぎりのところまで言葉で説明したい。そのとき、読み進めなくなって全体像を見失ってしまうほどの過度な厳密さにはこだわらない。そこは、さらりとかわしたい。数式を用いた厳密ですっきりした説明がお好きなら、ぜひ書店で専門書の棚を探してほしい。大学レベルのそのような良書は、たくさんある。

この本のもうひとつの特徴は、波の動画を組み合わせていることだ（http://bluebacks.kodansha.co.jp/bsupport/wave.html参照）。この動画は、たんなるアニメーションではなく、波を表す数式をきちんと解いてつくった本物だ。言葉ではどうしても説明しきれない波の姿も、動画で見ればすっと納得できる。動画を見ながら読み進めれば、説明の真意がいっそうはっきりするはずだ。

前置きはこれくらいにして、さっそく波の世界に入っていこう。まずは、風がどのようにして波を育てていくのかというお話から——。

もくじ

第2章

波とはなにか——複雑な現象をシンプルに理解する

第3章 風が起こす波——風波のふしぎな世界

第4章 津波の物理学——「海底を感じる」長波のふしぎ

第1章 波、それは風の便り

——波の誕生

1-1　はじまりはさざ波から

風の申し子

砂浜に寄せては返す海の波は、沖で生まれて育つ。風が吹くと海面にわずかな起伏が生まれ、それが大きくなって海をわたっていく。波は、海を吹きわたる風の申し子だ。

風が弱ければ波は静かだ。台風が接近すると、高い波が激しく岸に打ちつける。これらの事実が、波の源が風のエネルギーであることを、はっきりと物語っている。

こうして波は、生き物のように育っていく。この章では、波の誕生と成長の話をしていこう。

海には波がある。これはだれもが知っていることだが、海面をしげしげと見たことがあるだろうか。ひとくちに波といっても、海面には、いろいろな波がさまざまな模様を描いている（写真1-A）。沖合からは、ゆるやかな起伏が海岸に向かって幾重にも進んでくる。その起伏には、もっと小さな波が重なっている。この小さな波だって、1種類ではない。右のほうから来た波と左のほうから来た波が合わさって、格子のような凹凸をつくっている。

さらに細かい〝水のシワ〟のような波もある。風が強くなってくると、ほかの波に隠れてわか

1-A **海面には、さまざまな波が重なっている**（米ロサンゼルス近郊のマンハッタンビーチで筆者撮影）

らなくなってしまうが、海面をよく見れば、たいていどこにでもシワがある。さざ波だ。

さあ、このさざ波から波の話をはじめよう。

生まれたての波はどんな姿をしている？

さざ波は、海にだけできるわけではない。池にもできるし、水槽にはった水の表面にもできる。風さえ吹けば、どんな水の表面にもさざ波はできる。

風が吹いたとき、最初にできるのがさざ波だ。池に一陣の風が吹きすぎると、水面にサーッとシワがよる。岸に打ちつける大きな波がいきなりできることはない。風が通りすぎてしまえば、さざ波はなくなる。さざ波のように波の山と山との間隔が狭い小さな波は、できやすく、そして消滅もしやすい。

大きな波だと、こうはいかない。大きな波が生まれるには、ある程度の時間をかけて風が吹き続ける必要がある。まるで人間のように、〝大物〟が育つには時間がかかるのだ。そのような大きな波は、さざ波のように風に敏感に反応するわけではない。

サーフィンに使う「うねり」は、いまそこに風が吹いていなくても遠くからやってくる。風がなくなればすぐに消えてしまうさざ波とは、その点が違う。海には、ほんとうにいろいろな種類の波が存在するのだ。

静止した水面に風を吹きつける実験をすると、まず、風に引きずられて水の表面に流れができる。その直後に、とても小さなさざ波が生まれる。風の強さにもよるが、1秒間に10～20回くらい水面が上下する、ほんとうに細かい波だ。わたしたちが抱く「波」のイメージからすると、これはもう、波というより微小な振動という感じ。これが、風で生まれる波の最初の姿なのだ。このような波が横一列になって何列もできるのだが、この整然とした並びはすぐに崩れて、不規則な水面の起伏へと変化する。

現実の海では、海面が完全に真っ平らになっていることはないし、まったくの無風状態から急に風が一定の速度で吹きはじめることもない。また、海には、このさざ波の発生のように洗面器のスケールでも起きる現象もあれば、何十キロメートル、何百キロメートルものスケールでないと生じない波もある。それが、海の波を室内で行う実験で解明するのが困難な理由のひとつとなっている。

水面を動かすふたつの力とは？

ここで、波の名前について説明しておこう。この本でも、これからひんぱんに登場する波の仲間たちだ。

まずは、いまお話ししてきた「さざ波」から。日常的には、水面にできる細かい波のことをいう。「一心同体だったメンバーのあいだに、さざ波が立ちはじめた」といえば、嫌なことが起きる予兆。こんなときも、はじまりはやはり〝さざ波〟なのだ。

感覚的にはおなじみのような気がするこのさざ波は、科学的にはどのような波なのだろうか。詳しくは第2章で説明するが、それは「波を形づくる力」の種類に関係している。

水面の波は、盛り上がった「山」の部分と、山と山にはさまれた「谷」の部分からできている。山は、次の瞬間には低くなって谷になるし、谷はそのとき山になる。つまり、そこに波が生じているとき、水面はチャプチャプと上下動を繰り返している。この上下動を繰り返しながら山と谷が移動していく現象が、波なのだ（図1-1）。

水面を上下させる力には2種類ある。ひとつは、重いものほど強く下に引っぱられる「重力」。もうひとつは、水の表面をできるだけ縮ませるように働く「表面張力」だ。山と山の間隔がせま

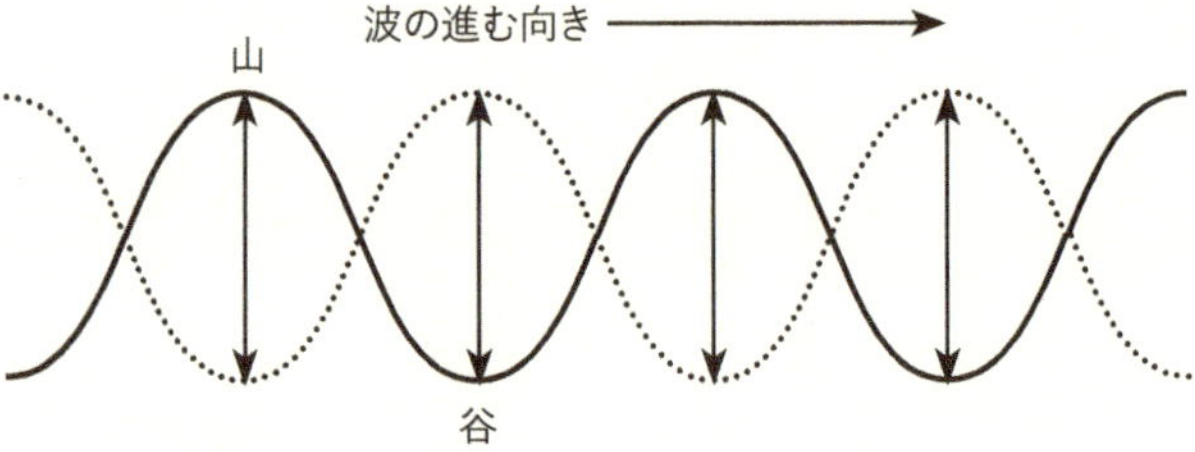

1-1 波とは？ 水面が上下動を繰り返しながら「山」と「谷」が移動していく現象が波。

い細かな波ほど、表面張力が強く働く。重力が優勢な波と表面張力が優勢な波との境目は、山と山の間隔が約1・7センチメートルの波で、これより間隔がせまい波をつくる力は、表面張力だといっていい。

さざ波とは、この表面張力が優勢な波のことだ。だから、「サーフィンができるほどゆったりした起伏のさざ波」というものは存在しない。そのような波は、重力でつくられている。さざ波というと、海面を細かくキラキラと輝かせる小さな水の起伏が思い浮かぶが、それがまさにさざ波なのだ。

1-2 「波浪」と「津波」

「風波」と「うねり」――「波浪」とはなにか

このさざ波を含め、風がつくりだしている波を「風波」という。「ふうは」と読んだり、「かぜなみ」「かざなみ」と読んだりする。

国語辞典で「風波」をひくと、このほかに「風と波」とも書いてあるが、この本で「風波」といったら「風がつくりだしている波」を指す。ちなみに気象庁は、風波のことを「風浪《ふうろう》」という古めかしい言葉でよんでいる。

先ほどの言い方をすると、表面張力が優勢なさざ波も風波だし、それより山と山の間隔が広い、いわゆるふつうの波も風波だ。

すこし注意してほしいのは、いま「風がつくりだしている波」と書いたことだ。「風がつくりだした波」と過去形では書かなかった。風波というのは、いままさに風がつくりだしている最中の波なのだ（写真1－B）。

では、風がつくりだした波が、風が吹いている海域から抜けだして遠くに伝わってくるものをなんというか。それが「うねり」だ（写真1－C）。たとえば、日本に台風が近づいてくると、強い風が陸地に吹くようになるずっとまえから、海岸には高い波が押し寄せる。これは、はるか沖の台風でつくりだされた風波が、台風の強風域を抜けだして、うねりとして先に到着したものだ。

あとで詳しく説明するが、波の山から山までの間隔が50メートルのうねりの場合、進む速さは時速30キロメートルくらいになる。台風が来ると、天気予報で「台風は時速10キロメートルのゆっくりとした速さで北北東に進んでいます」などといっている。台風で時速30キロメートルといえば、かなりスピードアップしている状態だ。だから、うねりが台風より早くやってくるという

1-B いままさに風がつくりだしている波、それが風波（©中村庸夫／アフロ）

1-C 風のほとんどない、おだやかな海岸に寄せる「うねり」 うねりを求めて、サーファーたちがやってくる（米ロサンゼルス近郊のマンハッタンビーチで筆者撮影）

のは、ごくふつうのことなのだ。

もちろん、台風が去ったあとも、その強風域でつくりだされた風波がうねりとなってやってくる。台風一過の晴天で海に行くのが危険なのはそのためだ。

強風を受けて成長している波は、成長しつつも波頭は白く砕け、波の山の部分は急峻でとがった形をしている。これが強風域から抜けでてうねりになると、もう強い風に海面をこすりあげられることもなくなり、とがった形がとたんに丸くゆるやかになる。

うねりは、ときに地球を半周するくらい遠くまで伝わる。とはいうものの、風が強く吹いている海域からはすでに抜けでてしまっているので、もう風からエネルギーが供給されることはない。うねりは、衰退しながら伝わっていくのだ。

そして、この「うねり」と、いま風でつくりだされている最中の「風波」を合わせて「波浪」という。気象庁が発表する波浪注意報や波浪警報の「波浪」だ。気象庁の波浪注意報や波浪警報は、風波とうねりが重なった波を対象としている。

細かいことをいえば、さざ波を波浪に含めないこともある。実際、気象庁はさざ波を風波に含めていないので、波浪注意報や波浪警報ではさざ波は考慮されていない。対象としているのは、重力によって伝わる波だけだ。風波というのは「波の成因」を表す言葉で、波を伝える力が重力か表面張力かという「波そのもののしくみ」による分類ではない。そのため、このような食い違いが生じるのだが、注意が必要なほど高いさざ波は存在しないので、実用上はなんの問題もない。

では、「津波」とは?

さて、海面に起伏ができれば、それは波として伝わる。起伏ができる原因は、なんでもかまわない。風が原因なら波浪だが、そうでない波の代表例として津波がある。

津波については第4章で詳しくお話しするが、一言でいえば、海底の急な変形が海面に起伏をつくり、それが波として伝わったものだ。風とはまったく関係がない。海底の急な変形による地盤の揺れが地震として伝わるとともに、一方では海面を変形させ、津波として伝わっていく。

風波の山と山の間隔は、せいぜい数百メートルくらいだが、津波では数十キロメートルから数百キロメートルにもおよぶ。これも第4章でお話しするが、津波が遠く大海原をわたっているときの波高は、高くても数メートルくらいしかない。数百キロメートルかけて数メートルほど起伏が変化するだけなので、波というよりも、広範囲にわたるわずかな海面の盛り上がりという感じだ。

1-3 どう生まれ、どう育つか

風が吹くと波ができるのはなぜ？

さて、風がつくる風波の話に戻ろう。

そもそも、風が吹くとなぜ波ができるのか。これは、簡単なようでいて、じつはかなり難しい問いかけだ。いまだ完全には解明しきれていないといってもよいのだから。

ひとつの考え方は、次のようなものだ。まず、完全に静止した水面を考える。ここに一定の向きに風が吹きはじめたとする。すると、水の表面は風に引きずられて動きだす。だが、これはほんの表面に近いところの話で、それより深いところでは水は動いていない。

一方、風のほうも、水面に接しているところでは、水面との摩擦《まさつ》で風速が落ちている。水面から離れたところのほうが風速が大きく、水面に近づくにつれてゆっくりになる。

つまり、風と水が接している水面のあたりでは、風にしても水にしても、それぞれの流れる速さは急激に変化している。このようなところでは、流れが不安定になって〝乱れ〟が発生しやすい。この乱れこそが、水面に生まれる波だというのだ。

違う考え方もある。海面をわたる風には、もともと乱れがある。乱れがいくつも連なって、風として流れていく。風の乱れは、空気の圧力の大小をともなう。ということは、海面を押す圧力の大小が、風とともに進んでいくことになる。圧力の高い部分と低い部分の間隔や進み方が、水面に波が発達しやすい状況になっていると、風から海面に効率よくエネルギーが注ぎ込まれて波になるというわけだ。

海は、風からどのようにしてエネルギーを受けとり、海面に波が発生するのか？　そのしくみを解明する取り組みは1920年代にはじまったが、いまだよくわかっていない。さまざまな考え方が発表されてはきたものの、どの説も、これほど見事な波がたっぷりと現実の海にあることを説明できない。風がもっともっと効率よく波をつくりだせるような、まだ知られていないしくみがあるのかもしれない。

波を発達させる三要素

海面に風が吹くと、まずさざ波ができる。このとき、もっと起伏のゆるやかな大きい波も発達をはじめている。さざ波はそもそも小さいため、すぐに目で見える一人前の波に成長するというだけで、強い風が吹けば、じつはいろいろなスケールの波が並行して発達していくのだ。

波がどれだけ大きく発達するかは、三つの要素と深く関係している。「風速」「吹送《すいそう》時間」「吹送距離」の三つだ。

風波は、風のエネルギーが海面に供給されることで生まれ、発達するので、風速が大きいほど波は高くなる。高くなるだけではなく、風速が大きいほど、波長の長い波がよく発達するようになる。「波長」については、第2章であらためて詳しく説明するが、波の山から隣の山までの長さのことをいう。だから、波長が長い波というのは、波の高さが同じならば起伏のゆるやかな波ということになる。波高が同じ1メートルなら、波長が10メートルの波より30メートルの波のほうが、ゆるやかに起伏している。波長の長い波がよく発達するのは、風が強いときだ。

風によって波が生まれ、発達するといっても、最初に生まれた細かいさざ波が、しだいに波長の長い大波に育っていくのではない。波長の長い波のほうが成長が遅いので、はじめのうちは、すぐに成長するさざ波のような細かい波が目立つが、やがて大きな波が目につくようになるということだ。海には、波長の長い波と短い波が混在しているので、それぞれの波が成長していく速さに応じて、目立つ波が変わってくるのだ。

ここまでは、広い海域に一定の風が吹き続ける状況を考えてきた。だが、実際の海ではそうなるとはかぎらない。風がやんだり弱まったりすれば、波の成長はそこでとまってしまう。つまり、風が吹き続ける「吹送時間」が短ければ、波の成長は頭打ちになる。

また、風が長いこと吹き続けていても、その海域の外に波が出てしまえば、もう波は成長しない。風がどれくらいの距離にわたって吹いているかという「吹送距離」も、現実には波の成長に大きく影響する。

まとめていうと、現実の海では、風が吹いているあいだだけ、そして風が吹いている海域にかぎり、波は成長を続けていく。風というエネルギーの供給源がなくなれば、あとは、ちょうど池に石を落としたときに広がっていく波紋のように、進みながら徐々に衰弱し、やがて消えていく。消え去るまえに海岸に到達したものが、うねりだ。

じゅうぶんに発達した波、成熟した波——波はどこまで成長するか？

波がいま、どのような発達段階にあるのかを、おもしろい言葉で表現することがある。「じゅうぶんに発達した波」と「成熟した波」——。まるで人間の成長を表しているような、遊び心を感じさせる言葉だ。

風が吹くと、いろいろな波長の波が発達しはじめる。これも第3章で詳しくお話しするが、風で生まれる波は、波長が長いほど速いスピードで進む。波長が長い波は成長するのに時間がかかるので、最初は細かくてスピードが遅い波が、そしてだんだんとスピードが速い波長の長い波が優勢になってくる。

それでは波は、いくらでも波長が長くてスピードの速い波へと成長し続けるのだろうか？

じつは、そうはいかないのだ。やがて、「風速と同じスピードで進む波」が優勢になるときがくる。すると、どうなるか。この波にとっては、もはや風は吹いていないのと同じことだ。2台のクルマがいずれも時速30キロメートルで並んで走れば、たがいに隣のクルマはとまって見える。

これと同じ理屈だ。

そうなると、風のエネルギーはもはや波に供給されることはなく、波の成長はとまる。この波から見て、風速はゼロになっているのだから。もうすこし厳密にいうと、波は成長しつつも、ときに白く砕けてエネルギーを失うので、風から供給されるエネルギーと砕けて失うエネルギーがちょうどよくバランスしたところで成長がとまる。このような波を「じゅうぶんに発達した波」とよぶ。いくら風が吹いていても、もうこれ以上は発達しない波だ。

先ほども述べたように、これくらいじゅうぶんに発達するには、風も長いあいだ吹いていなければならないし、風が吹く海域も広くなければならない。つまり、吹送時間がじゅうぶんに長く、吹送距離もじゅうぶんに大きい必要がある。

現実の海ではなかなか理想的にはいかないが、まあ、かなり成長したといってよい波もある。そのような波を「成熟した波」と表現する研究者もいる。もうすこし成長した可能性がないわけではないが、ここまでくればもう大人といってよいでしょう。そういう波だ。

波にも年齢がある？

波の誕生と発達は、なにやら人間の成長に似ているようだが、もうひとつ類似性を感じさせるものとして、「波齢《はれい》」という言葉もある。まさに波の年齢だ。

波齢とは、波の進むスピードを風速で割り算したもの。風速にくらべて、波のスピードがどれくらいに達しているかを示す数値だ。

いま風が吹きだしたところなら、目につく波のほとんどは、まだ波長が短く進行スピードの遅い波だ。風よりも、ずっと遅い。だから、この波の波齢は小さい。波の進むスピードが風速のまだ半分だったら、波齢は0・5だ。じゅうぶんに発達した波の進むスピードはほとんど風速なみになっているので、波齢はほぼ1になっている。

波が発達すると波齢はしだいに大きくなっていき、数値が1になったところで成長はおしまい。「成熟した波」の波齢は、だいたい0・5から0・7くらいだ。波齢が1になっても、波としての寿命が尽きるわけではないが、人間でいえば、知識やエネルギーを貪欲に吸収して成長できた若さはもうない、ということだ。

波を成長させられない風とは？

波齢の説明からもわかるように、風からエネルギーを吸収して発達している波の進行スピードは、決して風速を超えることはない。発達中の波は、その上を吹く風に引きずられるようにして成長するからだ。

風波が進むスピードは、その波の山から山までの長さ、すなわち波長で決まっている。波のスピードは、波長に応じて波自身が決めるのであって、風が決めるのではない。その波長の波が進むスピードより風のほうが速いときに、波は成長するのである。

先ほど、水面の波は、表面張力と重力というふたつの力で水面を伝わっていくと述べた。第３章でもういちど説明するように、水の波には、それ以上は遅くなれないという最低スピードが存在する。じつは、「波長が短くて表面張力が優勢な波」と「波長が長くて重力が優勢な波」の境目で、波のスピードはもっとも遅くなるのだ。

その速さは、秒速23センチメートル。これより風速が遅ければ、その風で波が成長することはない。

気象庁は、風の強さを13の階級に分けている。もっとも風の弱い「風力ゼロ」という階級は、無風から秒速30センチメートル未満の風まで。だから、水の波の最低スピードである秒速23センチメートルよりも遅い風というのは、この風力ゼロに該当し、煙がほとんど真上にのぼっていくくらいの弱風ということになる。

もっとも、実際の海では、風速が秒速23センチメートルを超えた瞬間からどんどん風波が生まれる、というわけではない。海面には小さなゴミがあったり、海藻の成分が油のように浮いていたりしていて、なかなか理屈どおりにはいかないからだ。現実には、秒速１メートルくらいの風で、さざ波は生まれはじめるようだ。

風がとても弱く、ゆるやかなうねりはあるのに、そこに重なるキラキラと輝く細かいさざ波がない鏡のような海——。この光景は、波にはそもそも最低スピードがあるという物理的事実の表れなのだ。

1-4 「波の科学」の基本的な考え方

複雑な波を「分けて」考える

第2章以降で本格的に「津波と波浪の物理」を解き明かしていくにあたり、水面の波を科学ではどう扱うのかという点について、ここで簡単にお話ししておこう。

13ページの写真1-Aを見るとよくわかるのだが、海の波というのは、相当に複雑だ。海面には大小さまざまな起伏があり、それらが動く。てんでんばらばらに動いているようでもあるが、ほぼ一定の間隔で波が岸に寄せてくることを考えると、やはりなんらかの規則性がありそうだ。

科学では、この複雑な波を単純な波の集まりとして扱う。

これまでの説明で、しばしば「重なっている」という言い方をしてきた。「うねりにさざ波が重なっている」という具合だ。波の性質を科学的に調べるときは、これを、うねりはうねり、さざ波はさざ波というように、本来は独立した別々の波が存在しており、それらが重なり合っていると考える。うねりとさざ波が重なった複雑な波形を、そのまま扱うわけではないのだ。

言い換えると、海の複雑な波を、「成分」に分けて考えていくわけだ（図１－２）。一つひとつの成分は、一定の間隔で山と谷を繰り返す規則正しい単純な波。それが重なり合って海の波はできていると考える。そうすれば、この規則正しい単純な波の性質さえ理解しておけば、海の波がわかったことになる。海の波に関するすべての現象がこの方法で解明できるわけではないが、おおよその基本は理解できるのだ。

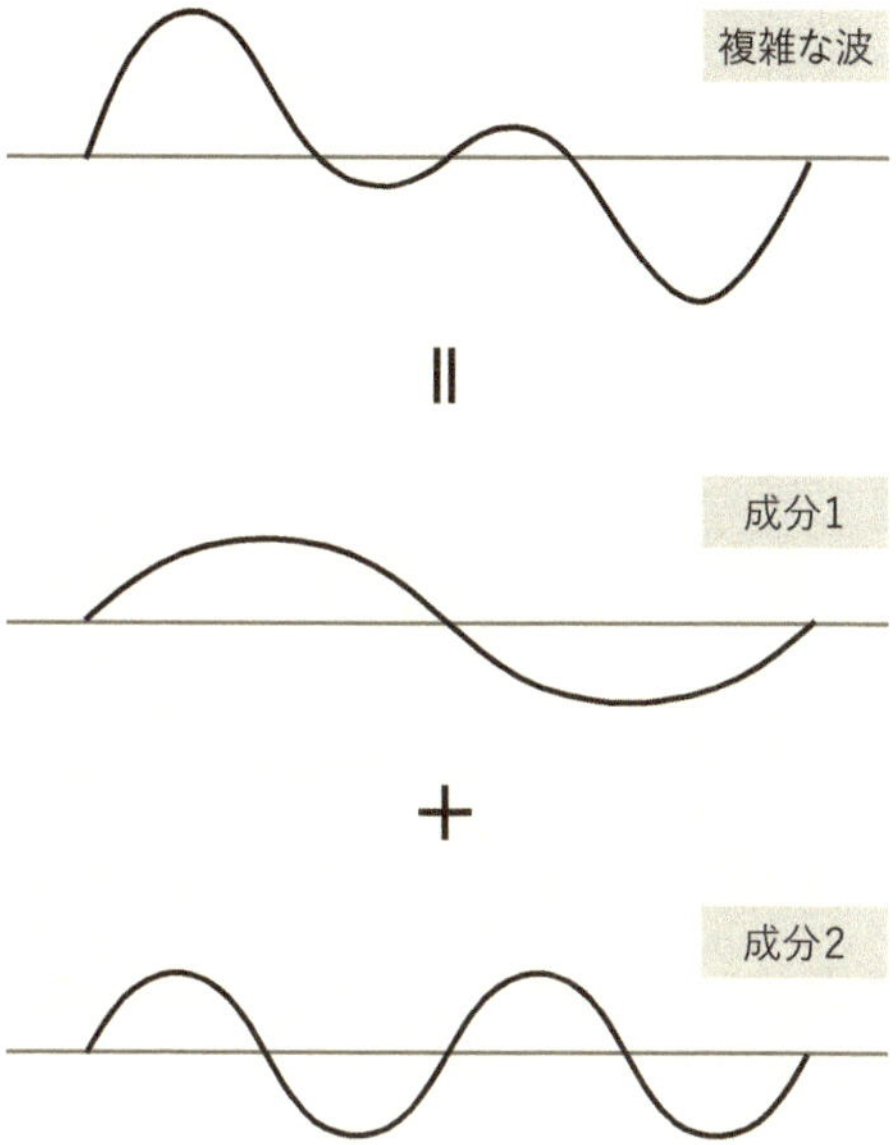

1-2 波を成分に分ける　複雑な波も、単純な成分に分けて考えることができる。

　この考え方について、別の分野を例にして補足しておこう。

地球は、太陽のまわりを円を描いて回っている。円の中心には太陽がある。地球の南北はまっすぐに立っているのではなく、一定の角度ですこし傾いたまま、1年かけて太陽のまわりを回っている。こう考えておくと、なぜ夏は暑く、冬は寒いのかといった基本的な現象をすっきりと理解できる。

だが、これでは理解できない現象もある。地球の気候は10万年くらいのサイクルで変動しているのだが、そのことと地球のエネルギー源である太陽の位置との関係を解明しようとすれば、この単純なモデルでは太刀打ちできない。ほんとうは、地球の南北の傾きはつねに一定ではないし、太陽をまわる軌道も円ではなく楕円だからだ。しかも、その楕円の形はすこしずつ変化していく。そういう事実も考えなければならない。

地球の軌道は円だと考えて基本をおさえ、その次の段階として、「じつは円軌道ではなく楕円軌道なのだ」と進む。科学はしばしば、こういう考え方をする。ものごとをうんと単純化して、まずは基本をおさえる。

この本の目的は、海の波の基本をおさえることだ。だから、海の波はたくさんの成分からできていると考え、単純なそれぞれの成分について、できるだけ理解を深めていく。基本をおさえたうえで、それでは説明できないことにもすこし触れる。第2章からのお話は、この方針でいきたい。

〝底〟を感じるかどうか、それが問題だ

もうひとつ、この本でこだわっているのは、「波が海底を感じているかどうか」という考え方だ。生き物でもあるまいし、波が底を感じるなんてありえない。そう思わないでほしい。

大海原をわたる風波やうねりは、海底を感じていない。他方で津波は、つねに海底を感じている。――海底を感じているかどうかで、波の性質は大きく異なる。

海底を感じない波については第3章で、感じる波については第4章で詳しくお話しするが、すこしだけ種明かしをしておこう。波というと海面で起きている現象のようだが、じつは、波が進むと水中の水も動く。その動きが海底に達しているのが「海底を感じる波」で、達していないのが「海底を感じない波」だ。

海底を感じる波は、波にともなう水の動きが海底で妨げられていることになる。当然ながら、海面を進む波の性質も、その影響を受ける。

もう一方の海底を感じない波は、底の影響を受けない。底を感じていないので、その波にとっては、水深が50メートルだろうが5000メートルだろうが無関係だ。海面を伝わる純粋な波としての性質だけを備えている、ともいえる。

とはいえ、海底を感じない風波やうねりも、岸に近づいて水深が浅くなってくると、否応《いやおう》なく

底を感じるようになる。ゆるやかだったうねりが、岸の近くになると、波の山がとがってきて、白く砕ける。これは、うねりが底を感じているからだ。底を感じるかどうかというのは、波にとって本質的に重要なのである。

さあ、章をあらためて、本格的に波の説明をしていこう。第2章は、「そもそも波とはなにか」という波の基本のお話。第3章では、風で起きる波を扱う。第4章では、津波について、風波との違いを意識しながら話を進めていくことにしよう。

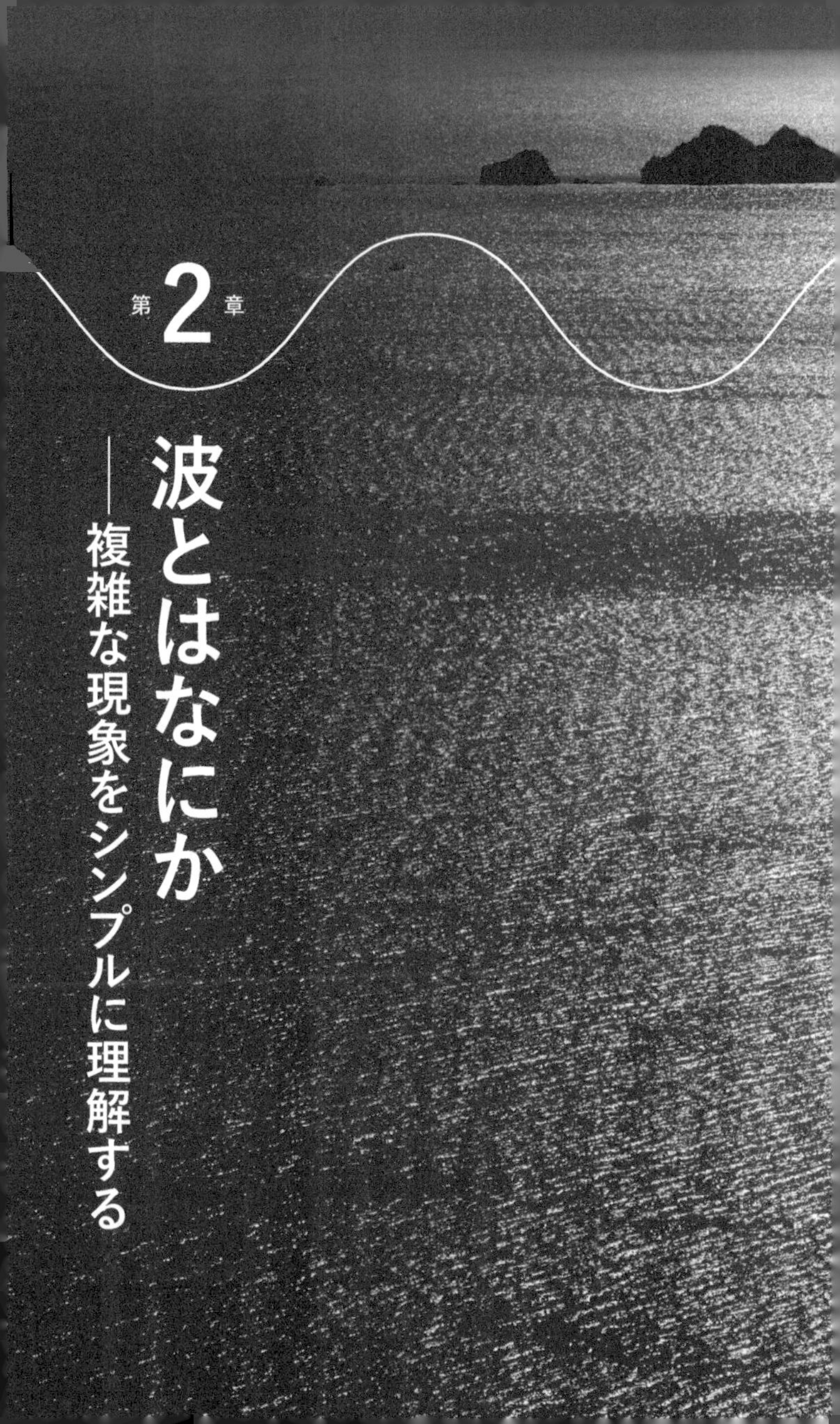

第2章

波とはなにか

——複雑な現象をシンプルに理解する

2-1 「波」の基本を押さえる

「水面」について考えてみる

風によって海に生まれる波、地震が引き起こす津波……。この本でこれからお話ししていくのは、「水面を伝わる波」だ。

水面なのだから、まずは「水」が必要だ。自由に形を変えられる液体の水。その水が、地球の重力に引かれてたまっている。プールにたまっていたり、地球表面の巨大なくぼみ、つまり海や湖にたまっていたり。こうして水がたまっているから、水面ができる。この水面を伝わる波が、この本のテーマだ。

「あたりまえではないか」と思わないでほしい。水には、これらとは違う「水面」もあるからだ。宇宙に浮かぶ国際宇宙ステーションで、宇宙飛行士が水を浮かせてみせてくれたのを覚えている方はいるだろうか（写真2-A）。無重力の世界では、水は球形になってプカプカと漂う。

水の形がグシャグシャではなく球になるのは、水の塊の表面に、第1章のさざ波のところで触れた「表面張力」が働いているからだ。表面の面積をできるだけ小さくしようとして働く力だ。

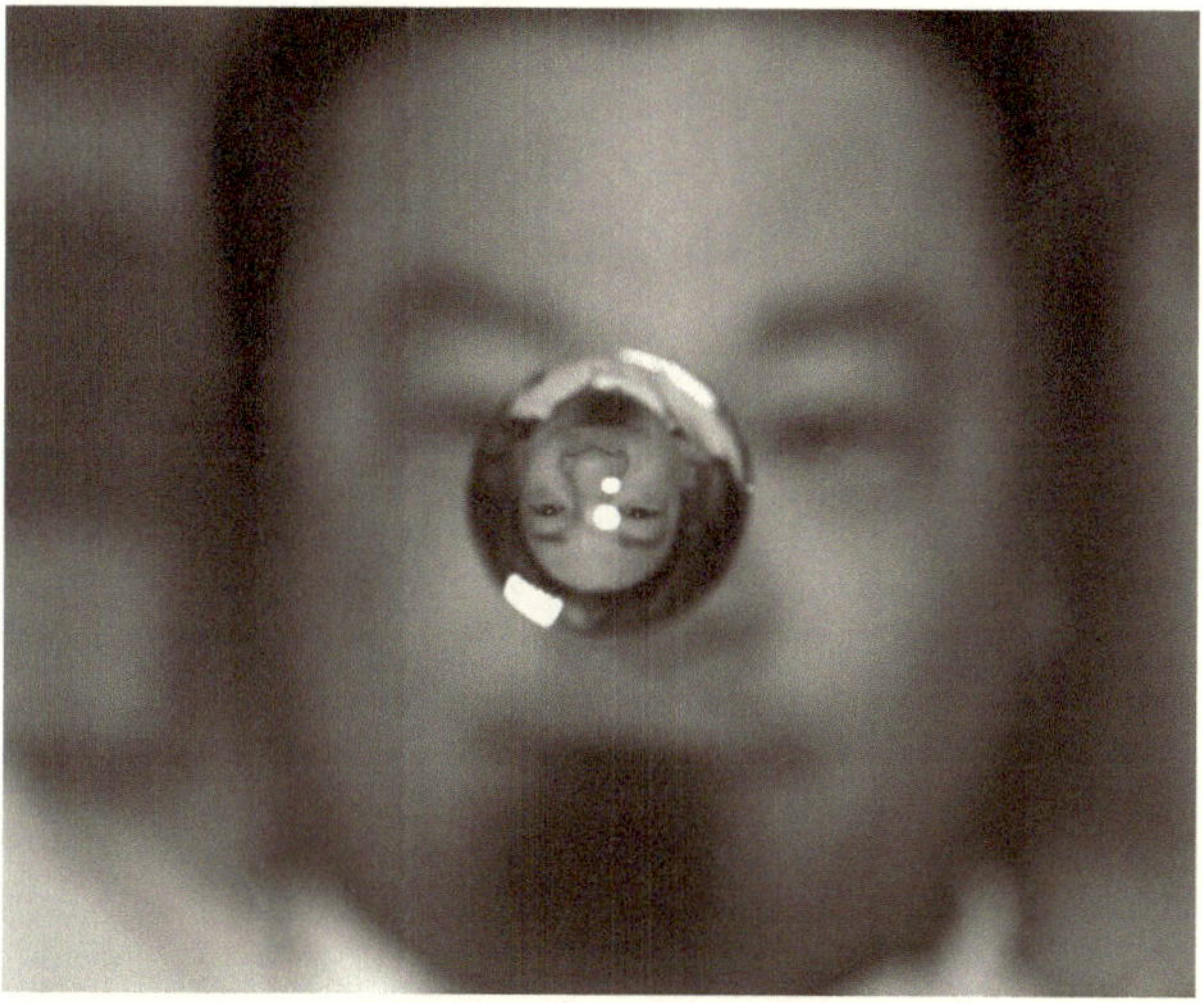

2-A 宇宙ステーション内部で空中に浮かぶ水球　宇宙の無重力空間では、水の塊が表面張力で球になる。これもまた「水面」のひとつ（©Science Photo Library／アフロ）

水と空気の境目を水面というならば、この水の表面も「水面」だ。水面のイメージには、あまりなじまないけれど。

水があれば、そこにはいろいろな「水面」ができる。そして、水面があれば波ができる。宇宙ステーションでできる水の塊も、じつはその表面がちょっとぶよぶよして波ができている。これは、表面張力がつくりだす波だ。

この本でおもに扱うのは、水が重力で引っぱられて海や湖、プールなどにたまり、そうしてできる水面を伝わる波だ。言い換えると、重力のおかげでたまった水の表面を、やはり重力の働きで伝わっていく波について説明していきたい。風がつくる波も津波も、こ

観客席のウェーブ。観客が立ったり座ったりすると、
その動きがまるで「波」のように伝わっていく。

のタイプの波だ。重力が主役になる波についてお話ししていくことが、この本の目的だ。

観客席に現れる波

「波」とは、なんだろうか。

ここで、サッカースタジアムの観客席を思い浮かべてほしい。ときどき、ウェーブという応援にお目にかかることがある。ウェーブとは、英語で「波」のこと。観客がまわりの人たちと動きをあわせて立ったり座ったりすることで、その動きがあたかも波のように観客席のなかを伝わっていく、あの応援だ。

たとえば、あなたの席のずっと右のほうからウェーブがはじまったとしよう。いま、あなたは座っている。立ち上がって万歳しているのは、はるか遠くの座席に陣取る人たちだ。次の瞬間、立っていた人たちは座り、そのすぐ左隣にいる人たちがいっせいに立ち上がる。だから、ウェーブの盛り上がった部分は、グラウンドに向かってすこし左に移動することになる。

さあ、ウェーブがあなたの近くにやってきた。「来た、来た、来たぁ」というタイミングで、あなたも立つ。そして座る。すると、ウェーブはあなたの場所を右から左に通過していく。もちろん、あなたもウェーブづくりに参加したことになる。

このウェーブ、その名のとおり、まさに波だ。観客が立って盛り上がっている部分が移動していく。水面の盛り上がりが伝わる水の波とは、もちろんしくみが違うが、とてもよく似ている。しかも、波にとってとても大切な点が、よく似ている。

なにが「伝わる」のか

ウェーブづくりに参加したあなたは、立って座っただけだ。席を移動したわけではない。それなのに、波は伝わっていった。

波とはなにかを考えるとき、これはとても大切な点だ。あなたは、自分の席で立って座った。この「自分の席で」という点がポイントだ。

これは、水面を伝わる波でも、まったく同じだ。水面のある特定の部分に注目すると、そこは盛り上がって、次の瞬間に低まるだけ。隣の部分がわずかに遅れて同じ動きを繰り返すことで、盛り上がりが波として伝わっていく。水そのものが、波の進行方向へ移動したわけではない。水面の各部分は、たんに「自分の位置」で上下するだけだ。

水が動かないということに違和感を覚える人がいるかもしれないが、このことは、池でボートに乗っていると実感できる。すぐそばを通ったボートの波がこちらに来ても、自分のボートはゆらゆらとその場で揺れるだけ。波と一緒に押し流されてしまうわけではない。池に浮いている落ち葉も同じこと。風さえなければ、波のまにまに揺れるだけだ。

波を伝える物質を「媒質」という。水面の波ならば、それを伝える媒質は水だ。すぐあとでお話しするが、お互いの話し声を伝える音波の媒質は空気。同じ音でも、鉄の棒をたたいて音が伝わっていくなら、その媒質は鉄ということになる。

いずれにしても、媒質そのものは移動しない。その場で上下したり振動したりするだけだ。こうして、水の波だったら水面の山と谷のパターンが、声だったら、たとえば「おはよう」という空気の振動パターンが伝わっていく。

媒質がその場で動くことにより、なんらかのパターンが伝わっていく現象。それが「波」だ。「波動」ともいう。

サッカースタジアムのウェーブも、観客の動きのパターンが伝わっていくのだから、その意味では立派な波といえる。

音波を例に「伝わるパターン」を考えてみる

水の波について詳しくお話しするまえに、それ以外のいろいろな波に触れながら、そもそも「波」とはなにかについて、じっくり考えてみよう。そうすることで、水の波についてのイメージがよりいっそう明確になると思うからだ。

まずは、先ほど例にあげた音波から。音波は、空気を伝わっていく波だ。たんに音ともいう。波は身近なようでいて、じつはふだんの生活で実感できる波というのは、意外にない。音波は、その貴重な例だ。だから、この本でも、波の説明に音波をしばしば使う。

音波は空気を伝わる波。空気にできたどういうパターンが伝わっていくのだろうか。

太鼓をバチでたたいたとしよう（図２－１）。すると、張ってある革《かわ》が振動する。革が出っぱったりへこんだりを繰り返すのだ。革が出っぱると、そこに接している空気を押す。つまり、空気は圧縮されて濃くなる。逆に、革がへこんだときは、瞬間的に空気は引き伸ばされて薄まる。

こうしてできた空気の濃い部分と薄い部分が、隣へ隣へと進んでいく。空気そのものが進むのではなく、「濃い／薄い」というパターンが進んでいく。これが、音波が伝わるという現象だ。「空気の密な部分と密でない部分」という疎密のパターンが、空気のなかを伝わっていくのだ。

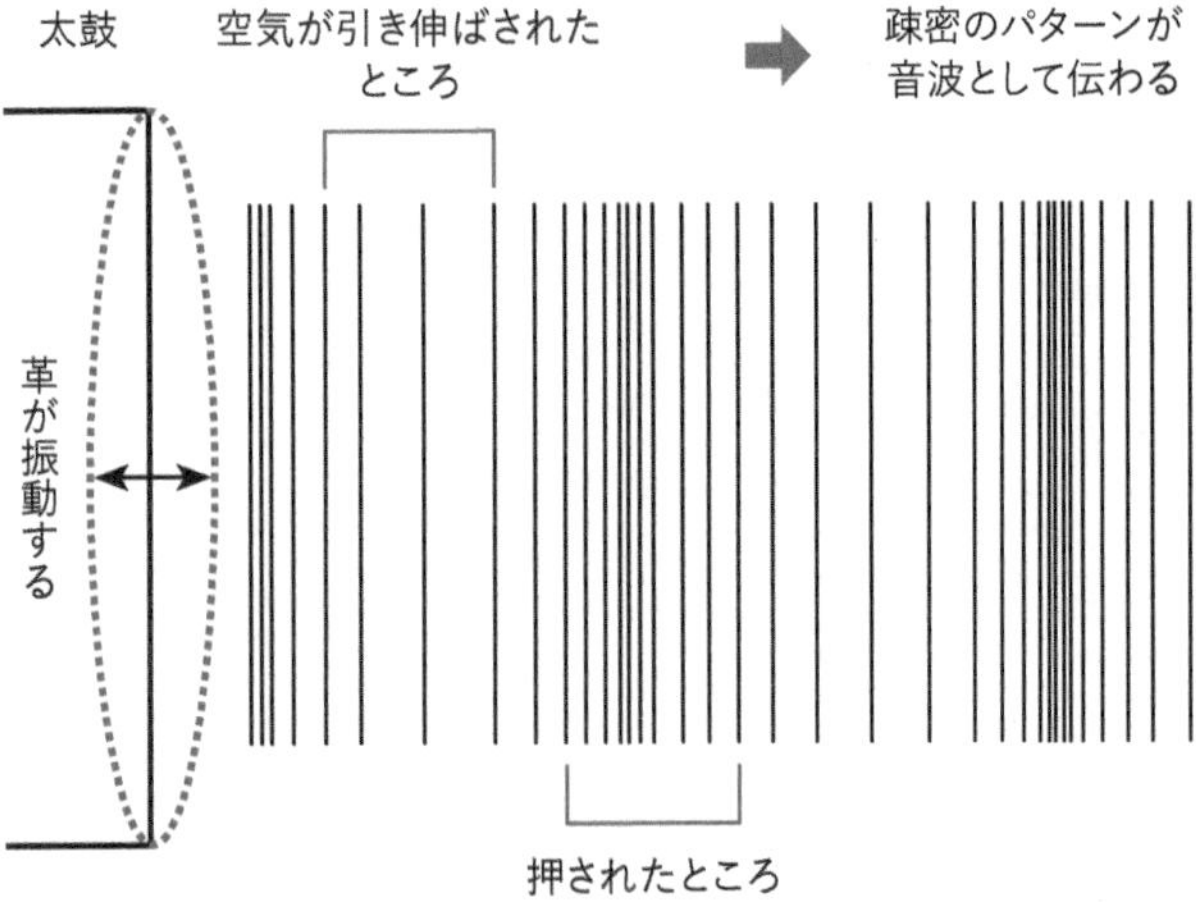

2-1 太鼓の音が伝わるしくみ 太鼓の革の振動でできた疎密のパターンが伝わっていく。

このパターンは、どのようなしくみで伝わっていくのか。

太鼓の革に押されて縮まった空気は、もとの圧力に戻ろうとして隣の空気を押す。その押された空気は圧縮され、もとに戻ろうとしてさらに隣を押す。逆に、薄まって圧力が下がった空気は、やはりもとの圧力に戻ろうとして、隣の空気を引き込む。すると、その空気は薄まって、さらに隣の空気を引き込む。圧力の高い部分と低い部分が、このようにして伝わっていくのだ。

このとき、空気の「ある特定の部分」は、どういう動きをしているのだろうか。

太鼓の革に押された空気は、押されたのだからすこし前方に動く。そして隣の空気を押すことになる。電車がホームに到着して新しい乗客がどっと乗ってくると、押されて思わず隣の人を押してしまうようなものだ。

だが、こうして前方の空気が向こうに動いてしまうと、もうそれほど窮屈ではなくなり、押し続ける必要もなくなる。その時点で、動きが止まる。逆に、後ろ隣の空気は、薄まって圧力が下がっている。こんどはそちらに引かれて、後ろへ動く。つまり、媒質の空気は、音の進んでいく方向に行ったり戻ったりを繰り返すだけなのだ。音が伝わっても、空気そのものが移動していくわけではない。

そう考えると、太鼓をはじめとする楽器というのは、「空気の疎密をつくりだす装置」ということになる。いや、楽器にかぎらない。わたしたちの話し声もそうだ。音を出すものは、すべて空気の疎密製造装置なのだ。

波を理解するキーワード――「振動数」と「振幅」

わたしたちが音として聞いているのは、空気の疎密のパターンだ。太鼓の革が空気の疎密をつくり、伝わってきた空気の疎密のパターンが、わたしたちの耳のなかにある鼓膜を揺らす。

疎密のパターンが細かければ、1秒間に鼓膜を揺らす回数は多い。パターンが粗《あら》ければ回数は少ない。この回数の大小が、「音の高さ」に関係する。回数の多い音は高く聞こえ、少ない音は低音になる。

ここで、音にかんする言葉遣いについて触れておこう。「音の高低」は、「音の強弱」とは別物だ。ときどき混同しそうになるので、きちんと確認しておこう。一般に、女性の声は、男性の声より高い。ピアノの鍵盤は、左から右へいくほど音が高くなるように並んでいる。これは音の高低の話だ。同じ高さの音でも、鍵盤を強く打てば大きな音が出る。ソフトタッチでたたけば、小さく弱い音が出る。こちらは、音の強弱だ。「高い音」を「大きな音」と勘違いしないようにしたい。

さて、音波では「空気の密な部分と密でない部分」が隣り合っている。この疎密のペアが、1秒間に何回くるか。それで音の高さが決まる。1秒間にくるペアの数が多いほど、音は高い。1秒間にやってくる疎密のペアの個数を、物理の言葉で「振動数」または「周波数」という。単位は「ヘルツ」。100ヘルツの音といえば、1秒間にこの疎密のペアが100個やってきたということだ。100ヘルツの音よりも、200ヘルツの音のほうが高い。

音の高さは、振動数で決まる。では、音の大きさを決めるのはなにか？　それが波の「振幅」だ（69ページ図2－7参照）。同じ100ヘルツの音でも、音にともなう空気の動きが大きいほうが鼓膜を大きく揺する。だから、音は大きく聞こえる。音のない状態を基準にして、そこから空気がどれだけ動いたか、その動きの最大幅が振幅だ。

オーケストラの演奏会では、曲の演奏をはじめるまえに、すべてのプレーヤーがドレミファソラシドの「ラ」の音を出して音の高さを調整する。自分の楽器の振動数を、みんなで「ラ」に合わせるのだ。これを音合わせ、あるいはチューニングという。「ラ」の音は４４０ヘルツ。みんなで「ラ」の音を出してみて、たとえばあるバイオリン奏者が「オレの音はちょっと低いな」と感じたら、この奏者は弦の張りをすこし強めて音を高くし、みんなに合わせる。

ちなみに、「ラ」の振動数は４４０ヘルツが標準だが、オーケストラによっては、より輝かしい音を求めて４４２ヘルツにしたり、あるいは17世紀、18世紀といった古い時代の音楽を演奏する場合には、その当時の楽器にあわせて４４０ヘルツよりも低い音を「ラ」にすることもある。

波の個性は「重なり」が決める

音は空気を伝わり、その高さは振動数で決まる。だが、それでは決まらない音の性質もある。バイオリンが４４０ヘルツの「ラ」の音を出す。フルートも４４０ヘルツの「ラ」の音を出す。同じ「ラ」の高さの音だが、バイオリンはバイオリンの音だし、フルートはフルートの音だ。音の高さは同じでも、両者は「音色」が違う。

この違いは、どこから来るのだろうか。

いま、４４０ヘルツの音が聞こえているとき、「空気の密な部分と密でない部分」のペアが1秒間に４４０回、耳に届いている。だが、実際には、この「密な部分」「密でない部分」には、もっ

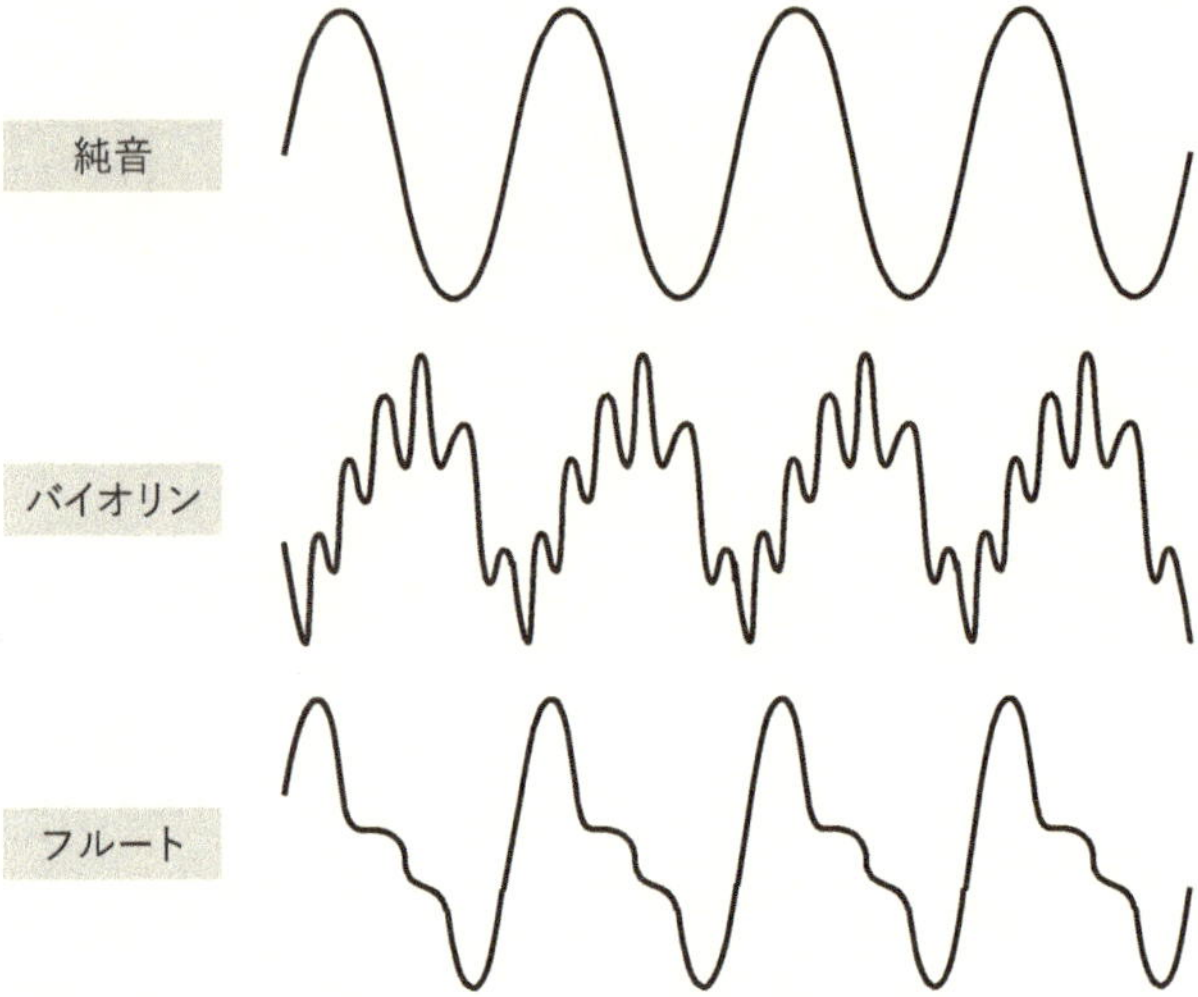

2-2 いろいろな音の波形　音の高さを決める「純音」の波形に細かい波形が重なって、それぞれの楽器に特有の音色となる。

と細かな「密な部分と密でない部分」が重なっている。

音波には、まずいちばん基本となる「密な部分と密でない部分」というパターンがあり、そのパターンに、さらに細かいパターンが重なっているのだ（図2－2）。この、いちばん基本となる「密な部分と密でない部分」のパターンを、音波の場合は「純音」とよぶ。

水の波も、これとよく似たできあがり方をしている。海辺で波を見ていると、サーフィンに使うような大きなうねりに、きらきらと輝く細かく小さな波が重なっている。

たとえば、うねりが30秒に1回やってくるとしても、波はそれだけではない。このうねりはたしかに、いまこの海辺にやってくる波を特徴づける代表的な波なのだが、それ以外の細かな波も、その上に乗っかっている。それらが重ね合わさったものが、この海辺の波になっているのだ。

バイオリンとフルートの例に戻ろう。このふたつの楽器の音色の違いは、基本となる空気の疎密のパターン（純音）に重なっている「細かいパターン」のほうにある。１秒間に４４０回の疎密のペアがやってくることは同じでも、そこに重なっている「細かいパターン」が異なるのだ。この「細かいパターン」こそが、音色を決める。だから、同じ高さの「ラ」の音を出しても、音色が違って聞こえるのだ。

先ほどの海辺の波の例でいうと、うねりが何秒に1回くるかという振動数で「ラ」という音程が決まり、そこに重なっているきらきら輝く細かい波で音色が決まるということだ。細かい波できらきら輝いているうねりと、表面がのっぺりとしているうねりとでは、見た目がずいぶん違う。これが、楽器でいう音色の違いに相当するのだ。

〝独立独歩〟が波の生きざま

バイオリンとフルートは、同じ高さの音でも音色が違う。それは、「音の高さを決める波」に「音色を決める波」が重ね合わされて、それぞれ違う形の波になっているからだ。

ある波と別の波とが出合うと、両者が重なって新たな形の波ができる。これを「波の重ね合わせ」という（図２－３）。重ね合わせは、波がもつ基本的でとても大切な性質だ。

絵の具だって、２色を混ぜ合わせれば新しい色ができるじゃないか。波と同じでしょ？――そう思った人がいるかもしれない。重ね合わせがどうしてそんなに大切なの？　と。

だが、波の重ね合わせには、絵の具の混ぜ合わせとは異なるふたつの重要な性質がある。

ひとつは、波には単純な足し算を適用できること。たとえば、高さが1の波が水面を伝わっているところに、別の方向からやはり高さが1の波がきて重なると、波の高さは２になる。1たす1で2、だ。

もうひとつは、重なって高さが2になったふたつの波は、次の瞬間に、またそれぞれ高さ1の波として進み続けるという点だ。出合えば協力して新しい形の波をつくるのだが、それはあくまで一時的に協力するだけ。それが終われば、それぞれがもとの性質を保ったまま、お別れする。ボールとボールが向き合って転がってきた場合には、衝突して互いに跳ね返されるが、波は、まるでもうひとつの波など存在しなかったかのように、お互いをすり抜けるのだ。これを、物理の言葉で「波の独立性」という。

独立性の有無という点で、波の重ね合わせと絵の具の混ぜ合わせは決定的に違う。絵の具には「独立性」がないので、いったん混ざって別の色になると、もとの各色の性質は失われてしまう。

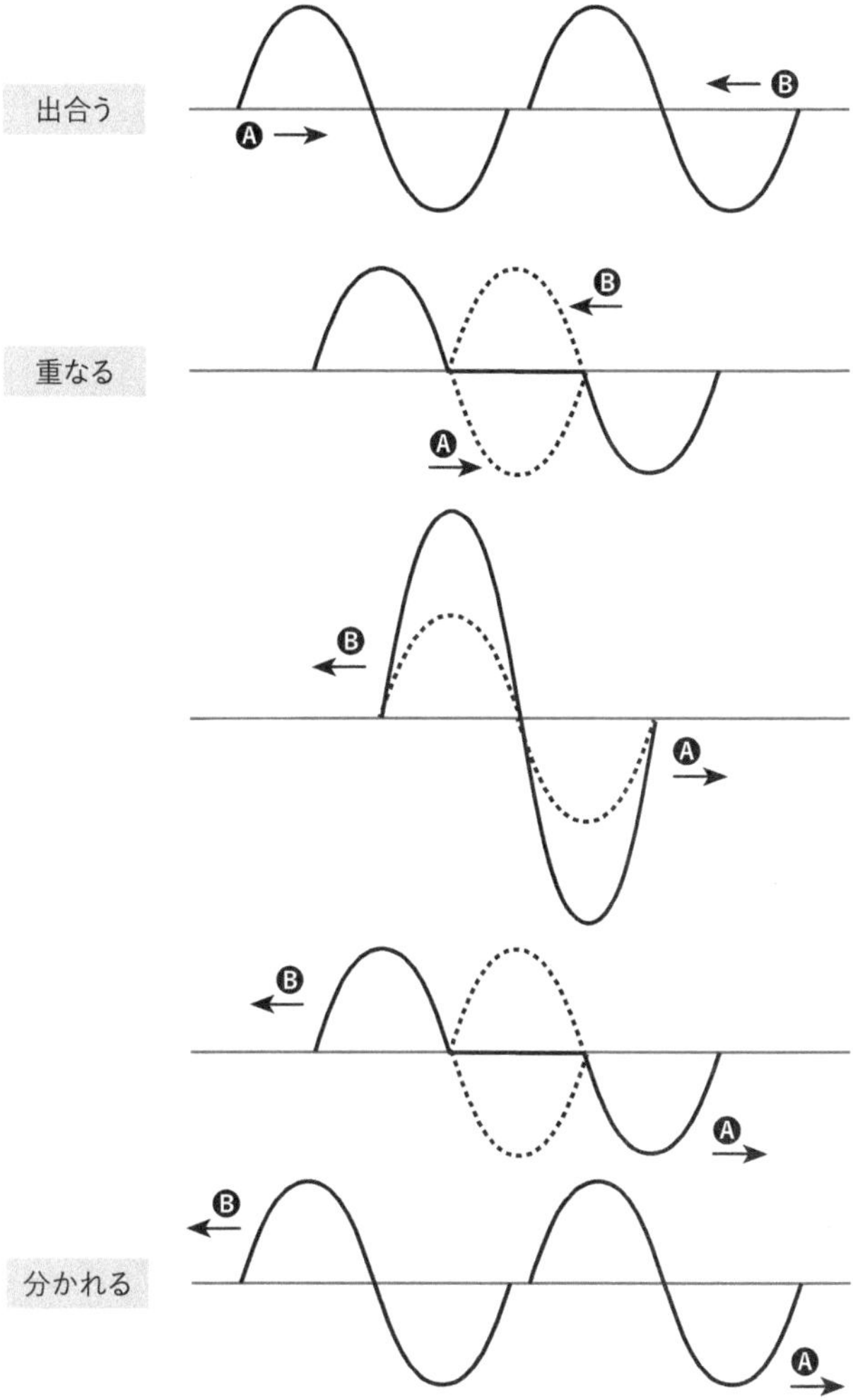

2-3 波の重ね合わせ　重ね合わされた波の高さは、それぞれの高さの和になる。

もとの色に戻すことは、二度とできない。

たとえば、青い絵の具と黄色の絵の具を混ぜると緑になるが、いちど緑になってしまうと、もう青と黄の性質は失われてしまう。青や黄の性質をそれぞれ調べても、それを混ぜ合わせた緑の性質がわかることにはならない。逆に、緑を調べても、もとの青や黄のことはわからない。

この点が重要だ。波の場合は、ゆったりした波や細かい波など、基本となるいくつかの波の性質を調べておけば、あとはそれらの重ね合わせでさまざまな波の性質が理解できるのだ。

この本では、いくつかの代表的な波についてお話ししていく。だがそれらは、いろいろな波のうちから、たまたまトピックスとして取りあげるのではない。これらを説明しておけば、あとは重ね合わせるだけで海の波がわかるからだ。

逆にいえば、複雑そうに見える波でも、それをいくつかの代表的な波に分解して理解するという手が使える。波には、そういう性質がある。波に「独立性」があることは、波の物理を解き明かすうえでとてもありがたいことなのだ。簡単で基本的な事柄さえ理解しておけば、もうだいたいわかってしまったことになるからだ。

標準コースの逆順で「波」を考える

波には、水の波や音波のほかにも、いろいろな種類がある。高校物理の教科書などではふつう、

「波とはなにか」という数式を使った一般論からはじめて、次に波の性質、そして具体例として音波や光の説明という順になる。学問的には、そのほうが美しいのだろう。

だが、この本では逆の順序で話をしている。波の具体的なイメージを先につかんでおいたほうが、理解しやすいと思うからだ。数学や物理学は、本来は一歩ずつ積み上げていくものだ。それは一面の真実ではあるが、そこにこだわりすぎると、どこかでつまずいたときに前に進めなくなる。動けなくなったら、無理をしないで先のほうをチラッと見てみる。そして戻ってきて考える。標準コースの逆順だ。そうすると、「なんだ、そういうことだったのか」と納得できることも多い。

じつは、科学者のものの考え方は、けっこう飛躍している。一歩ずつ考え方を進めるだけではなく、「まあ、たぶんこうだろうな」とあらかじめ結論の見当をつけたうえで、その結論を証明するために、もとに戻って細かな説明を積み重ねていく。頭のなかでは、けっこう行ったり来たりなのだ。全体の見通しと部分部分の着実さの両方が、科学には必要ということなのだろう。

あらためて、波とは？

さて、波の話に戻ろう。すでに波の具体例として音波に触れ、重ね合わせという波の大切な性質についてもお話しした。このあたりで、波についてまとめておこう。

あらためて、波とはなにか。

ある一点で起きた運動が、次々と隣の部分に伝わっていく現象を「波」もしくは「波動」という。運動して波を伝える物質を「媒質」という。

池にぽちゃんと石を落とす。すると、その部分の水面がへこむ。次の瞬間には、その反動で水面が盛り上がる。さらに次の瞬間には、ふたたびへこむ。石が落ちた位置では、こうして水面が上下する。この運動が、水の輪のように四方八方に広がっていく。これが、水を媒質とする波である。

波にはいろいろな種類がある。どのような性質に着目して分類するかで、さまざまな分け方がある。多彩な波の名前に惑わされないためには、その点に注意するとよい。

分け方の代表が、媒質の動く向きと波の進む向きが同じかどうかで分ける方法だ。

音波の場合は、先ほどお話ししたように、太鼓の革の振動で空気が押しだされたり引っぱられたりして振動し、空気に疎密のパターンができる。そのパターンが、空気が押されたり引っぱられたりするのと同じ方向に伝わっていく。つまり、空気という媒質がその場で行ったり来たりする向きが、波の進行方向と同じだ。このタイプの波を「縦波」という。

ここで、もうひとつ言葉を加えておこう。縦波の場合は、媒質が、波が進むのと同じ向きにその場で行ったり来たりする。平均的な位置から、「向こう」と「こっち」に繰り返しずれる。このような、媒質の平均的な位置からのずれを「変位」という。この言葉を使うと、媒質の変位の向きと波の進行方向が一致しているのが縦波である。

縦があれば、横がある。「横波」は、媒質が行ったり来たりする向きが、波の進行方向と直角になっている波だ。たとえば、伸び縮みしないロープの端を木にくくりつけ、もう一方の端を手でもって上下に振る場合を考えてみよう。上下に揺れる波が手元から向こうへ伝わっていく。この場合の媒質はロープ。ロープの部分部分の動きはたんなる上下運動で、波が伝わるのはロープの長さ方向だ。

縦波と同様、変位という言葉を用いて表現すれば、媒質の変位の向きと波の進む向きが直角の波、それが横波だ。

では、水の波は縦波か横波か？　じつは、そのどちらでもないのだ。いったいどういうことなのか、謎解きはもうすこしあとまでとっておこう。

津波はなぜ、海全体が盛り上がって見えるのか

波のもっとも基本的な性質は、三つの量で表すことができる。その三つとは、「波長」と「速さ」と「振動数」。縦波であろうと横波であろうと、あるいは音波であろうと水の波であろうと、すべての波が共通にもっている三つの量だ。

振動数については、すでに音の高さのところで説明した（42ページ参照）。ここでは残るふたつの量と関係させながらあらためて説明するが、話の順序としてまず「波長」から。

水面を伝わっている波を考えてみよう。いま、ある瞬間に真横からこの波の写真を撮ったとする。すると、水の表面では山と谷が連続している。山と谷がひとつのペアとなり、それがいくつも連続して写っている。この山と谷の一組の長さを「波長」という（69ページ図2－7参照）。ある山から隣の山までの長さでも同じことだ。

注意が必要なのは、長さといっても、山や谷に沿って測った長さではないことだ。山のはじまりから谷の終わりまで、あるいは山の頂点から隣の山の頂点までを直線で測った長さを波長とよんでいる。

水面のさざ波の場合、波長はせいぜい1センチメートルちょっと。つまり、山と谷のペアが1センチメートルに一組あるということで、とても波長の短い波だ。津波は逆に、波長がとても長い波で、長い場合は100キロメートルを超える。100キロメートルの間隔に山と谷が一組だけという、きわめてゆるやかな起伏だ。

だから、津波はしばしば「波というよりも、海全体が盛り上がる感じ」といわれる。海岸に立って沖を見ても、水平線までの距離はせいぜい5キロメートルほどしかない。100キロメートルのスケールで盛り上がる津波は、その果てまで見通すことなどまったく不可能だ。水平線まで海面の全体が盛り上がって見えるのが津波なのである。

波長はもちろん、水の波にかぎった話ではない。たとえば音波だと、空気がいちばん密になっている位置から隣の密な位置までの長さが波長。どのような種類の波であろうと、ある位置の状態と同じ状態にある隣の位置までの長さが波長だ。

三つの量の相互関係は？

次は「速さ」。たとえば水面の波で、あるひとつの山に着目したとき、その山が1秒後に何メートル動いているか。それが波の速さだ。

波の速さは種類によってまちまちで、わたしたちがふつうに生活している環境で伝わる音波の速さは、毎秒340メートルくらい。水の波では、さざ波の速さが秒速数十センチメートル。津波の場合は、水深にもよるのだが、秒速200メートル程度で、時速にして700キロメートルにもなる。まさにジェット機なみだ。

最後に、あらためて「振動数」について。媒質のある1点が1秒間に何回振動するかを数えたもので、「ヘルツ」という単位を使って表記することは、すでに説明したとおりだ。たとえば、波のたった池に浮いている落ち葉が、1秒間にふわっふわっと2回上下したら、この波の振動数は2ヘルツということになる。

この「波長」「速さ」「振動数」には、決まった関係がある。まえと同じように、振動数が440ヘルツの「ラ」の音を例にして考えてみよう。この音波は、1秒間に440回、ある位置の空気を揺らす。すなわち、空気の疎密ペアが1秒間に440組、その位置を通過していく。

先ほど、音の速さは秒速340メートルと説明した。ということは、1秒まえにここを通過した疎密のペアは、すでにここから340メートルのところまで遠ざかっている。だから、その位置からここまでに、440組の疎密のペアがつながっている。

ということは、一組の疎密のペアの長さは、340割る440で0・77メートル。これが、この音波の波長になる。波長と速さ、振動数のあいだには、「波長×振動数＝速さ」という関係があるのだ。

＊

さて、これで波についての基本中の基本の話はおしまい。準備は整った。もう大丈夫。さっそく本題の水の波に話を進めよう。

2-2 「水面の波」はなぜ伝わるか

波はなぜ、隣に伝わるのか

考えてみるとふしぎだ。池に石が落ちて水面がへこんでも、水面はもとに戻る。もとに戻るどころか、勢いあまって盛り上がる。盛り上がると、そのまま盛り上がっているのではなくて、またもとに戻ってくる。このような水面の上下動が、波として周囲に広がっていく。

水面はなぜ、もとに戻ろうとするのか？　水面の上下動はなぜ、隣に伝わっていくのか？　こんな素朴な疑問から、話をはじめよう。

いま、かりに水面の１ヵ所が盛り上がっているとしよう。水の波の伝わり方を考えるために、仮想的にこのような状態を考えるのだ。この状態からスタートすると、水面にはどのような現象が起きるだろうか。時計の針をゆっくり回して、スローモーションでたどってみよう。

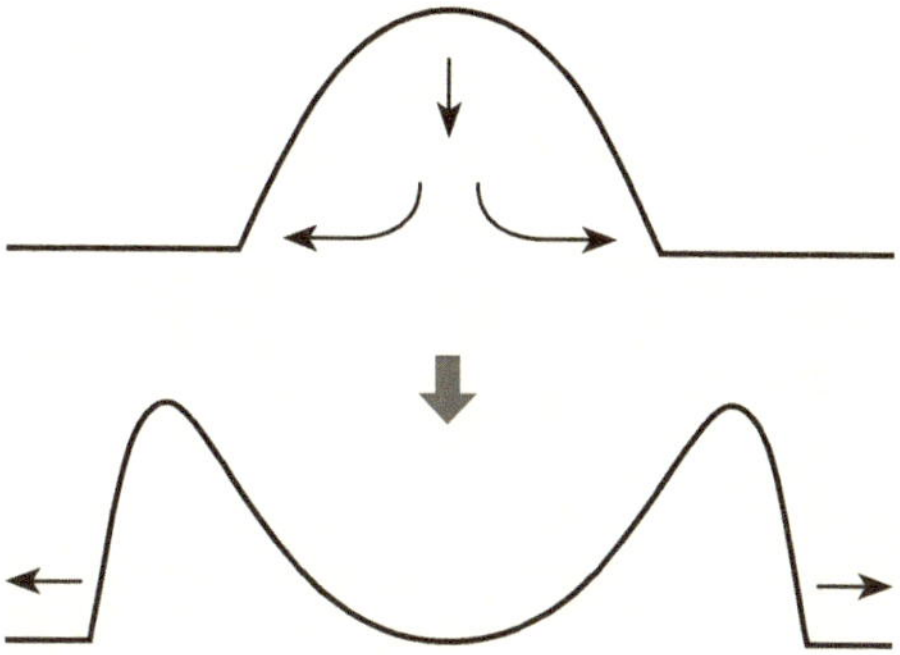

2-4 波が隣に伝わるしくみ　水面が盛り上がっていると、もとに戻るとき、水を隣に押しだす。

水面は真っ平らな状態が安定しているので、この盛り上がりは安定を求めて低くなっていく。低くなるのだから、もともと盛り上がった部分にあった水は、隣に押しだされる。隣の水面は、押しだされた水が入ってきたのだから、そのぶん盛り上がる。こうして、最初に盛り上がってぃた部分の水面の形が、隣に伝わる（図2－4）。

最初に盛り上がっていた部分が安定なもとの位置にもどっても、水には勢いがあるので、さらに水面は下がっていく。こんどは、先ほど盛り上がった隣の部分から、逆に水が流れ込んでくる。すると、水面は上がっていく。そのとき、隣の部分の盛り上がりは低くなってくる。

水面の「ある特定の部分」に注目すると、そこは水位が上がったり下がったりするだけだ。盛り上がったりへこんだりする水面の形が、周囲に伝わっていく。水面の凹凸のパターンが波として伝わっていくのだ。この凹凸のパターンが、音波で見た空気の疎密のパターンに相当する。

重力が発揮する「復元力」とは？

水面は、「盛り上がったりへこんだり」の凹凸のパターンを繰り返す。そのとき、重要な働きをしているのが重力だ。重力を意識しながら、いまの説明をもういちどなぞってみよう。

まず、真っ平らな水面を考える。盛り上がりもへこみもなく、なにも起きていない。このとき、水面からちょっと下のあたりの、たとえば水深1メートルの水には、どんな力がかかっているだろうか。

水には重力が働いているので、ある深さの水には、それより上にある水全体の重さがかかっている。段ボール箱を積み重ねたとき、どの箱をとっても、その箱より上に積まれたすべての箱の重さがかかっているのと同じ理屈だ。

水は、水深10メートル分の重さが1気圧に相当するので、水深1メートルだと0・1気圧。したがって水深1メートルの水には、「大気が水面を押す通常の1気圧」に「水深1メートル分の0・1気圧」が加わって、1・1気圧の圧力がかかっている（図2－5）。

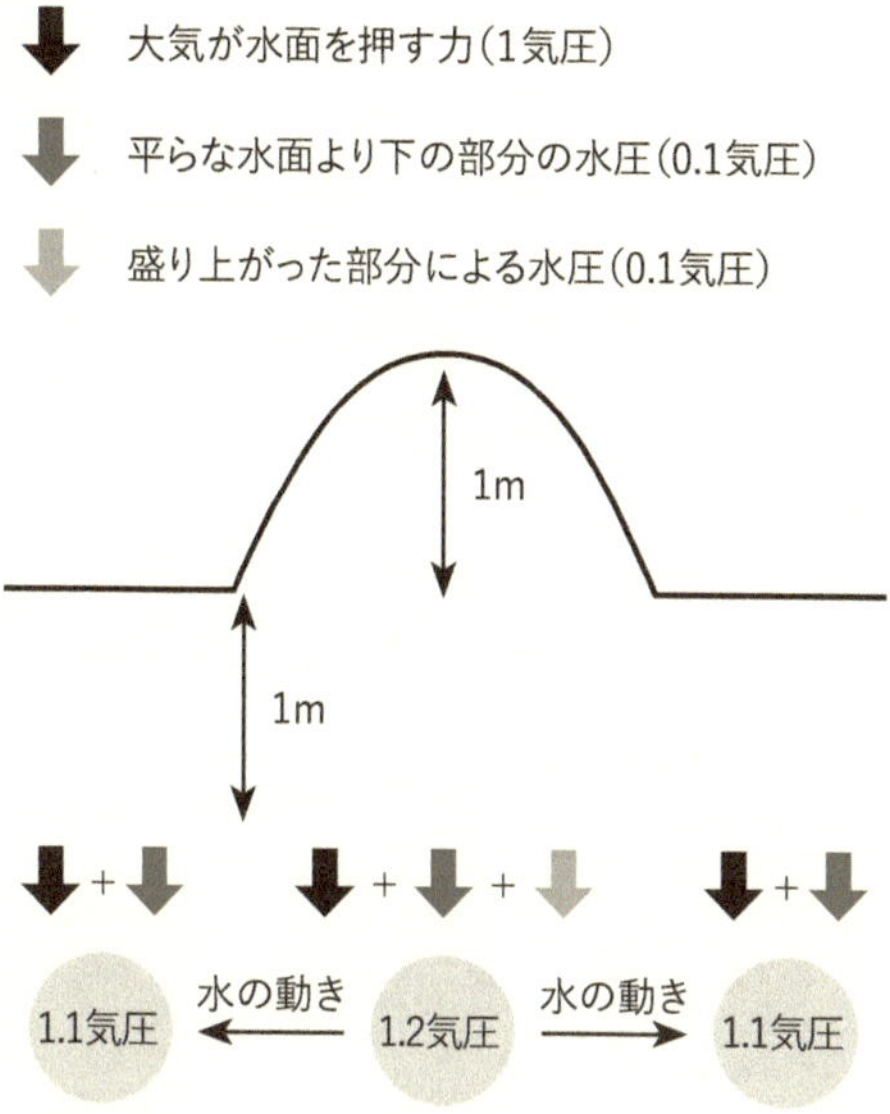

2-5 水にかかる圧力　水面が盛り上がった分だけ余計に力がかかるので、水は押しだされて圧力の低いほうに動く。大気が水面を押す力はどこでも同じなので、水の動きに影響するのは「水深の違い」だけ。

水面が平らで静かならば、

水深1メートルの部分にはどこでも1・1気圧の圧力がかかっている。だから、どの部分も押して押される力は同じ。力はつりあっているので、水は動かない。

だが、もし、水面のある部分が1メートル盛り上がっていたらどうなるだろう？　その部分の水の深さは、本来の水深1メートルに盛り上がりの1メートルの分が加わって、合計で2メートル。圧力も、盛り上がりによる0・1気圧が足されて1・2気圧になる。

厳密にいえば、盛り上がった水面のところでは、その1メートル分だけ上に載っている空気の量が減っているので、気圧はいくぶん低くなっているはずだ。だが、空気は軽いので、1メートル分の重さの違いは実際には無視できる。

さて、盛り上がっていない部分にかかる圧力は1・1気圧なので、盛り上がった部分の直下では、同じ水深でも圧力が高い。したがって、水は盛り上がった部分から盛り上がっていない部分に押されて移動する。移動した水の量だけ、こんどはそこが盛り上がる。新たに盛り上がった部分の下では圧力が高くなるので、こんどはそこの水が、周囲の圧力が低い部分、つまり前方や後方に押されて移動する。

このようにして、水は行ったり来たりしながら盛り上がった部分とへこんだ部分を交互につくりだし、その凹凸のパターンが波として伝わっていく。

いま説明したように、このような現象が生じるのは重力のおかげだ。重力があるからこそ、水面の盛り上がりは下方に引っぱられ、平らになろうとする。水面下に圧力が生まれるのも、重力のおかげだ。

水面に盛り上がった部分やへこんだ部分があっても、重力がそれらを平らな安定状態に復元しようとする。その結果が、波になるのだ。媒質をもとの安定した状態に引き戻そうとするこの力を、「復元力」という。

波をつくりだす復元力も多士済々

復元力には、いろいろなものがある。

空気を伝わる音波の復元力は、空気の圧力だ。押し縮められて「密」になった部分の空気圧は高い。その隣にある「疎」な部分の空気圧は低い。空気は、圧力の高いほうから低いほうに押されるので、疎密のパターンが波として進んでいくと、空気は前方に後方にと往復運動する。

木にロープの端をくくりつけ、もう一端を上下にゆすってつくった波。横波の例として先に登場したこの波の復元力は、ロープの張力だ。ぴんと張ったロープは、どの部分もお互いがお互いを引っぱっている。この力を張力とよぶ。ロープのある部分が上や下にずれると、隣の部分も自分と同じ向きにずらすように引っぱる力が生まれる。こうして、ロープの波形は、隣へ隣へと伝わっていく。

水面の細かいさざ波をつくりだす復元力は、表面張力だ。水面の表面積をできるだけ小さくし、安定した状態に保とうとして働く力だ。この表面張力の源は、水の分子がお互いに引きあう力。凹凸のある水面は、真っ平らな水面にくらべて表面積が大きくなっている。だから、表面張力は凹凸をなくすように働く。

あとでまた、波の進む速さにからめて説明するが、波長が1センチメートルといった細かい波には、重力よりも表面張力のほうが強く影響する。

2-3 複雑な海の波をどう攻略するか

海の波が複雑な理由

海には、いろいろな種類の波がある。波打ち際にひたひたと寄せる小さな波。サーフィンの達人がみごとな技を見せてくれる大きなうねり。そして、大災害をもたらす巨大な津波……。波のスケールは、じつにさまざまだ。

海の波は種類が多くて複雑そうだが、ほんとうの複雑さは別のところにある。

海岸から海を見れば一目瞭然なのだが、海面のある部分に1種類の波しかないという状態は、まずありえない。ゆったりとしたうねりの表面に、細かい波がいくつも重なっている。同じような波が、違う方向からやってきて重なりあうこともある。そうなると、水面の形は、凹凸が行儀よく並ぶ単純な波形になるとはかぎらない。

海の波の複雑さ、わかりにくさは、いろいろな種類の波があるというよりも、それらが複合して無数ともいえる変化形ができている点にある。

ふたつの作戦

複雑な海の波を、複雑なまま理解しようとしても、それはなかなかにつらい。なんとか理解できるように、知恵をしぼって作戦をたてる必要がある。

そのひとつは、波をつぶさに観測して、波の集まりになんらかの特徴や規則性がないかを調べることだ。たとえば波の高さ。海を見ていると、ふつうの高さの波にまじってかなり高い波が来ることがある。だが、高い波はそう多くはない。平均的な高さの波に、ときどき高い波や低い波がまじっている。高ければ高いほど、数は少ないようだ。こうなるしくみはわからなくても、たとえば「10個の波に1個の割合で高い波がまじる」とわかれば、じゅうぶんに役にたつ科学だといえる。

データの特徴を調べるために、統計学という学問分野がある。さまざまなパターンのデータ分布について詳細に研究されていて、もし波の高さが、統計学でこれまでに知られているパターンに一致すれば、いろいろなことを計算で求めることができる。第3章の末尾で説明する「有義波《ゆうぎは》」の考え方は、このタイプの作戦から得られた、とても役にたつ成果だ。

もうひとつの作戦は、現象をできるだけ単純化すること。単純化するのだから、細かい点では現実と違いが出るかもしれない。だが、単純化して理解を進めることを優先して、あとから細かな点を考え足していけばよい、という考え方だ。科学者がとる典型的な作戦でもある。

ここでは、波の単純化作戦について詳しく説明していこう。

波を単純化してもかまわない理由

いま、海面に生ずる波の形はとても複雑なのだと述べた。海だけではない。海にくらべれば単純に見える池の水面にも、複雑な凹凸ができている。

だが、中学や高校の教科書に出てくる波の図は、決まって規則ただしく上下している。なぜか。中学生や高校生だから複雑な説明はムリ、簡単な波ですませてしまおう、ということなのか。

そうではない。規則ただしく上下する単純な波を理解しておけば、それでほとんどの複雑な波を理解したことになる。波には、そういう性質があるからだ。科学にとって、これはとても幸運なことだ。波という身のまわりにありふれた現象の正体をつかもうとしたとき、その複雑さと正

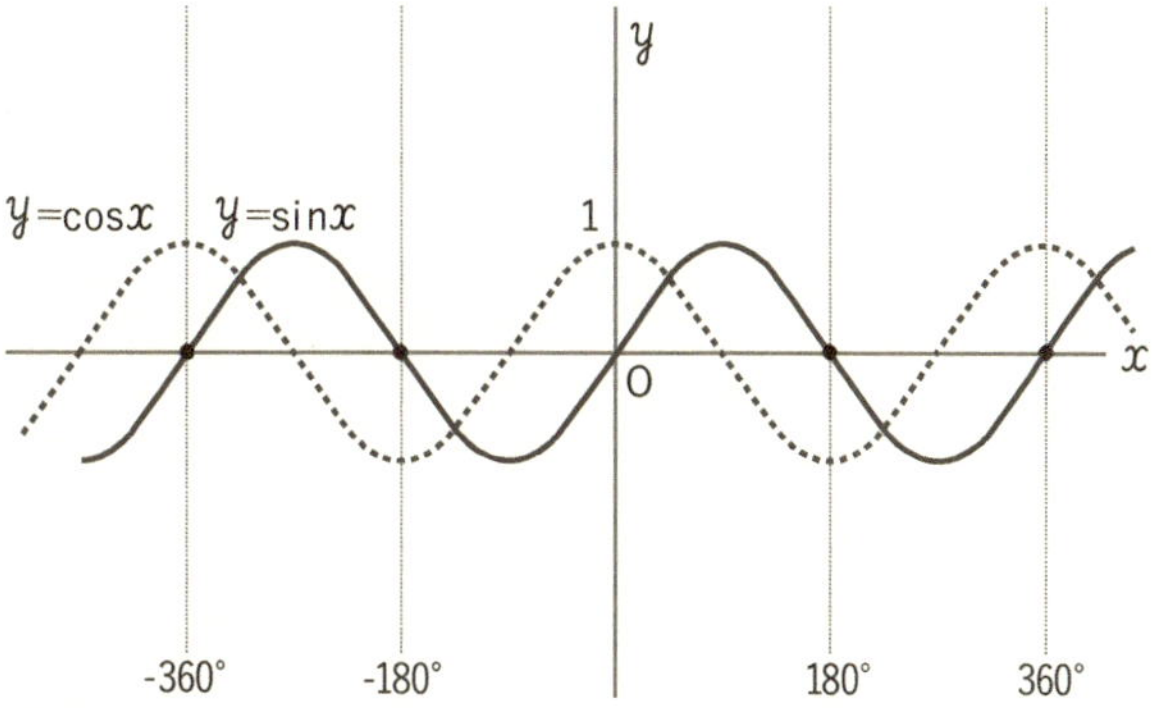

2-6 サインとコサインのグラフ　サイン(sin)とコサイン(cos)のグラフ。波のようだ。

面から勝負しなくてもよいのだから。中学、高校の教科書は、決して子供だましではないのだ。

複雑な水の波を理解するには、単純な波を知っておけばそれでオーケー。なぜ、そんなマジックのようなことができるのか。

そこには、ふたつの秘密がある。

ひとつは、現実とあまりかけ離れていない仮想的な状況を考えるだけで、波が伝わる原理をとても単純なものに置き換えられることだ。逆にいうと、水の波は、複雑な状況を無視して単純化しようとしたとき、犠牲にするものが少ない。本質が損なわれないのだ。単純化すれば考えやすくなるからといって、不適切な仮定を無理に加えていくと、「いくらなんでも、それはもう水の波とはいえないでしょう」という代物になってしまう。

その仮定のひとつは、「水は押しても縮まない」ということ。感覚的にはむしろあたりまえにも思えるこんな仮定が、水面を伝わる波を単純化して考える際の大きな武器になる。

もうひとつの秘密は、波というものがもつ本来の性質にある。複雑な波形でも、それを単純な波形の組み合わせに分解できるという性質だ。そのもっとも単純で基本的な波の形は、数式でいうとサイン、コサインの形（図2－6）。高校の数学に出てくる三角関数のサイン、コサインである。複雑な波の形は、サイン、コサインの組み合わせで再現できる。つまり、単純なサイン、コサインの形の波をよく理解しておけば、あとはたんなる組み合わせ作業にすぎないのだ。

高校で習う三角関数には、苦手意識をもっている人が多いと思う。だが、三角関数は、自然現象を数学の力で解明していくときに使う最強の武器のひとつだ。人類が生みだした最高の知恵のひとつといっても過言ではない。……残念なことに、いまの高校では、三角関数の意義や便利さを教えるしくみになっていない。それを知らされずに三角関数の問題を解いている高校生は、すこし気の毒でもある。

もっとも、この本ではサイン、コサインの計算はしないので、その点はご心配なく。

天気予報が採用している戦略とは？

水面を伝わる波を研究するのは物理学だ。物理学は、数学の手を借りて研究を進める。物理学者は、自然現象をなんとか数式で表そうとする。そうして得られた数式が、もし、数学者にとっておなじみのものならラッキーだ。数学者は、さまざまな数式の解き方や性質を研究している。物理学者は、そうした数学者の研究成果を利用して、目的とする自然現象を解明していけるからだ。

けれども、一般には、自然現象はそう甘くはない。たいていは、解けそうもない複雑な数式が姿を現すことになる。水の波もそうだ。

そんなとき、どうするか？　道はふたつある。

ひとつは、この複雑な数式を、そのままコンピュータで解いてしまう道だ。現代はコンピュータの性能が上がっているから、かなり複雑な計算でも、そう時間がかからずに結果を出すことができる。

求める結果に細かな数値が必要な場合は、このやり方が適している。かりに、なぜそのような結果になるのかがわからなくても、数値として正しい結果が出てくるからだ。とりあえずいま結果が必要な実用目的の計算、たとえば天気予報などがこのタイプだ。

最近は、自然現象を探究する学術的な研究の際にも、この方法がふつうに使われるようになってきた。気候変動を予測する研究では、かなり複雑な数式を使って気温の変化などを計算する。コンピュータから出てきた結果を見て、なぜそのような現象が起きるのかを、あたかも観測データを見るようにして研究者の目で調べるのである。

すこし注意が必要なのは、コンピュータで計算した結果は、かならずしも正確なものではないということだ。数式をコンピュータで解くには、その計算をするようコンピュータに命令するためのプログラムを書かなければならない。数式をコンピュータ用のプログラムにするとき、どうしても本来の数式からすこしずれる。誤差がたまって計算がストップしてしまわないように、職人芸的な細工をする必要もある。そこが、研究者の腕の見せどころでもある。

紙と鉛筆で式を解けば、それは誤差を含まない正真正銘の答え。コンピュータの答えは、紙と鉛筆の答えにできるだけ近づけようとした努力の結果だ。紙と鉛筆では答えを出せない計算はたくさんある。だからコンピュータを使うのだが、「コンピュータで計算しました」という文句が正確さを保証しているわけではないことは、知っておいたほうがいい。

許される仮定、許されない仮定

もうひとつの道は、なんらかの仮想的な条件を設定して、複雑な数式をできるかぎり単純化してしまうやり方だ。水面の波は、身のまわりで見られるおなじみの現象だから、研究の歴史は古い。1800年代初頭には、現代の科学につながる研究成果がもう出始めている。

当時はもちろん高性能のコンピュータなど存在せず、この単純化しか方法がなかったのだが、これが幸いしたのかもしれない。いくつかの仮定をすることで、数式がとても簡単になることがわかったのだ。

その仮定のひとつが、「水には摩擦力は生じない」というものだ。ほんとうは、水には摩擦力がある。洗面器に水を張り、同じところをグルグルと手でかき回していると、やがて水全体が回転するようになる。手にくっついて動きはじめた水の動きが隣の部分に伝わり、それが全体に広がっていくからだ。こうして力が伝わるのは、水に摩擦力が働いて隣の部分を引っぱるからに他ならない。水面の波を考える際には、このような摩擦が存在しないと仮定する。

もうひとつは、先ほどすこし触れた「水は縮まない」という仮定だ。これも〝仮定〟というからには、現実とは異なる。圧力を加えられた水は、空気ほどではないが、わずかに縮むのだ。水中でも、空気中と同じように音波が伝わるのはこのためだ。縮んだ状態をもとにもどす力は水のほうが強いので、音波の伝達はむしろ水中のほうが速い。空気中では１秒間に伝わる距離は３４０メートル程度だが、水中だと１５００メートルも伝わる。

もし、いま注目している現象が水中を伝わる音波だったら、水が縮まないという仮定をしてはいけない。この仮定のもとに単純化した数式で、音波について計算することはできないのだ。音波が伝わるために欠かせない、圧力によって圧縮されたり膨張したりするという媒質の性質が、あらかじめ取り除かれてしまっているためだ。

このように、どのような仮定をするか、どのような仮定ができるかは、いまどんな現象に注目しているかということと密接に関係する。水面を伝わる波を考えるときは、音波は関係ない。だから、水が縮まないという仮定が許される。

じつは、コンピュータで複雑な数式を計算する場合も、計算時間を短縮するために、このような仮定は多かれ少なかれ入っている。だが、ここでいう「単純化」は、その程度が違う。コンピュータなど使わず、ちょうど中学生や高校生が数学の問題を解くときのように、ノートの上で計算できるくらい単純化する。こうすることで、注目している自然現象の本質が浮かびあがってくるのだ。

「大胆かつ重要な仮定」のマジック

この本では、水の波とはどういうものなのか、その本質を説明したい。だから、必要な仮定はためらわずに採り入れて、できるだけ単純化する道を選んでいこう。

なぜ、「仮定」の話をしつこくしているのか。戸惑う読者もいるかもしれない。その理由は、単純化と引き換えにどのような現象が抜け落ちるのかを、はっきりと意識するためだ。

その意味で、もうひとつ、とても重要な仮定がある。波の凹凸があまり大きくないこと、つまり「波の振幅が小さい」という仮定だ。

波の振幅とは、真っ平らな水面の状態から、波が最大でどれだけ上下するかを示す量だ（図2－7）。振幅が2メートルの波といえば、盛り上がりは水平面から2メートルある。へこんだ部分も2メートルだから、この波の山から谷までの落差、つまり波の高さは4メートルということになる。

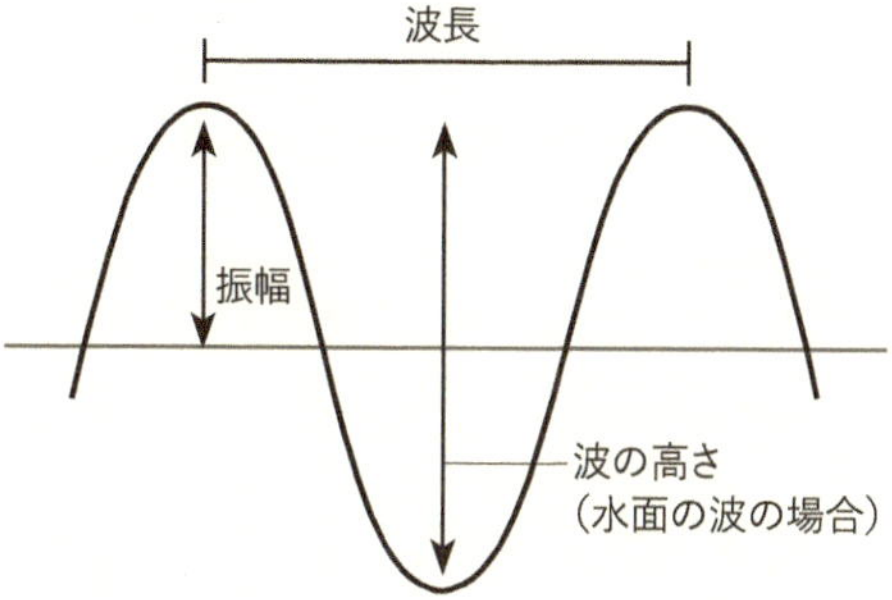

2-7 波の波長と振幅

振幅が小さいと仮定しているからには、そうでない波、たとえば、岸に近づいて波が高まって一気に砕けるような現象や、押し寄せてきた巨大津波などは、別扱いで考えなければならない。

そのようなデメリットがあるにもかかわらず、振幅が小さいという仮定をするのは、もちろん欠点を上回る利点があるからだ。

いま、水面の波が、AとBという2種類の波が合わさってできているとしよう。AもBも水の波だから、それぞれが水の波の物理的な性質を表す数式の答えになっている。

いま、AとBが重ね合わされた「A＋B」という波の性質を調べたいとする。そのとき、できることなら、単純な波であるAとBについてそれぞれ数式を解いて答えを求め、その答えを足し算したものがA＋Bの性質になっているとありがたい。複雑なA＋Bについて数式を解くよりも、そのほうがはるかに簡単だからだ。

ところが、水の波を表す数式はかなり複雑で、本来はそのようなことができない。AとBについて答えを求めてそれを足し合わせたものと、最初からA＋Bについて数式を解いた答えとが一致しないのだ。たとえていえば、波Aの高さが「1」、波Bの高さが「2」だったとしても、A＋Bという波については「3」ではなく「5」だということがありうる。波Aと波Bが、たんなる足し合わせでなく、相乗効果をもってしまうのだ。

これは、もし水面の波について考えたいならば、単純化などせず、複雑な姿のまま数式を解いていかなければならないことを意味している。だが、それではまさに複雑すぎて、なかなか波の本質をとらえられない。そこで登場するのが、「振幅が小さい」という大胆かつ重要な仮定なのだ。

波を表す数式には、いま波Aと波Bで説明したように、ふたつの波の相乗効果が含まれている。もし、それぞれの波の振幅が小さければ、小さいどうしの相乗効果なのだから、それはますます小さくなって無視できる。相乗効果を無視できれば、波の性質を表す数式から先ほどの「1＋2＝5」というタイプの現象が除かれて、「1＋2＝3」のタイプの波だけになる。

こうしておくと、単純で基本的な波の性質さえ理解しておけば、あとは波を足し算すればよいことになる。波Ａと波ＢはＡ＋Ｂの波の成分なので、複雑な波を単純な成分に分けて考えられるということでもある。「振幅が小さい」という仮定のおかげで、成分である単純な波を理解することに全力をそそぐ意味が出てくるのだ。

繰り返すが、この仮定をすることで、振幅の大きな波、つまり山と谷の落差の大きい波がもつ性質は失われている。たとえば、振幅が大きくなると、水は上下に動くだけではなく、波の進行方向に移動する。この性質は、「振幅が小さい」と仮定することで失われている。この本ではこれまで、水の波は、水がその位置で上下するだけだと説明してきた。すでに、振幅が小さい波を想定していたわけだ。

振幅が小さいという仮定は、現実問題として、あながち的外れではない。池の落ち葉が波とともに移動してしまわないことからも、それはわかる。

これから考えていく波の基本形は、上下幅の小さいおだやかな波だということを、忘れないようにしよう。

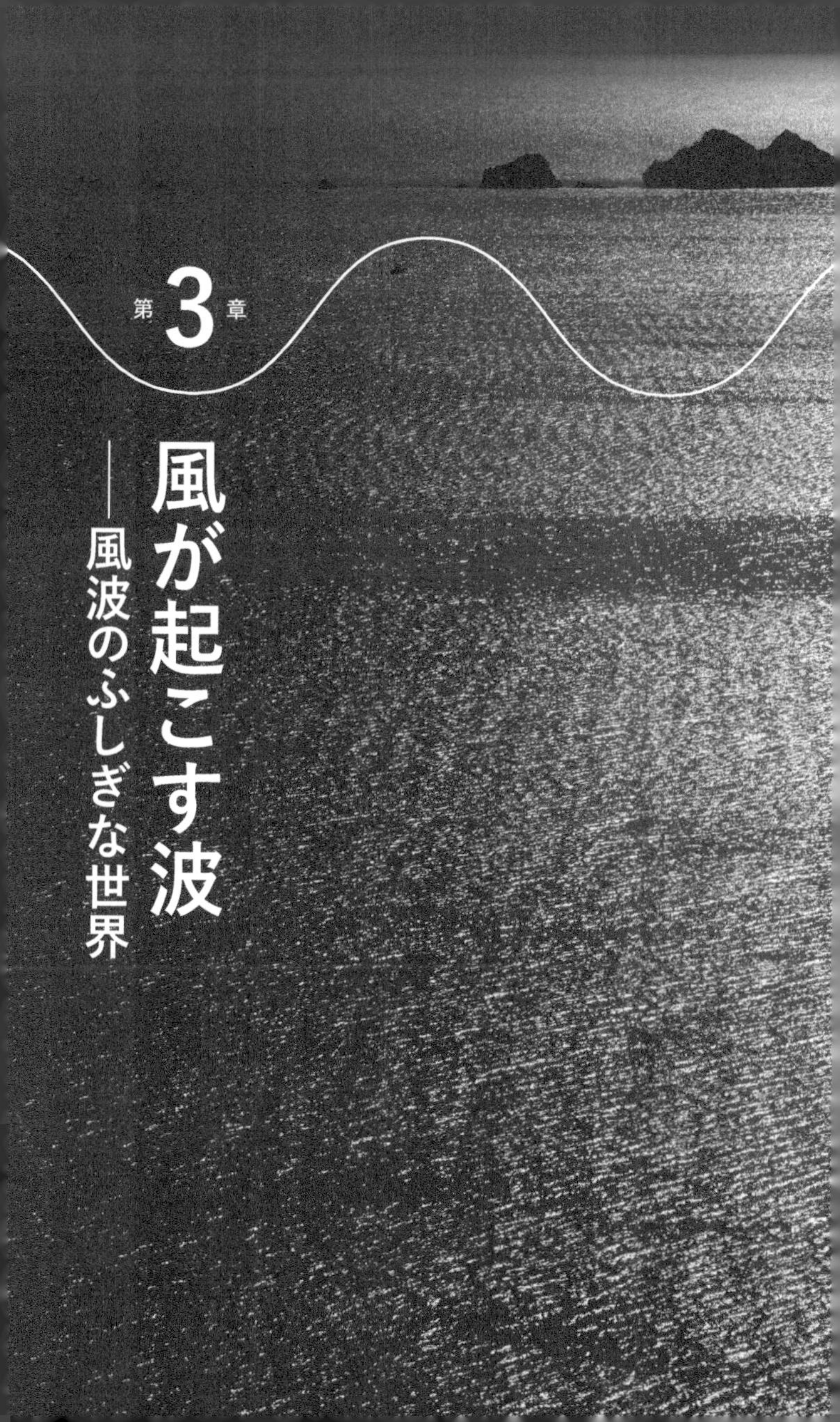

第3章

風が起こす波

——風波のふしぎな世界

3-1 「水の動き」を分解する

波の下の水は「自転車の車輪」!?

さあ、これから水面を伝わる波の話を本格的にはじめよう。第2章の末尾で説明したように、話の前提としていくつかの仮定をしている。①水中では摩擦が働かないこと。②水は伸び縮みしないこと。そして、③波の起伏、つまり振幅があまり大きくないこと。わたしたちの身のまわりにある水面の波に、だいたいあてはまる仮定だ。

水面の波はどのようにして伝わるのか。第2章で簡単に説明したことを、ここでおさらいしておこう。

水面の盛り上がった部分は、重力が復元力として働くことで、もとにもどろうとする。すると、その部分の水が隣に向けて動く。つまり、盛り上がった部分が隣に移動する。そして、山は谷に、谷は山にの繰り返しで、波のパターンは隣へ隣へと伝わっていく。

このとき、水はどのように動いているのだろうか。たんに上下動しているだけなのだろうか。あらためてこう問いかけると、「たんに上下動しているだけではない」という答えが透《す》けて見えて

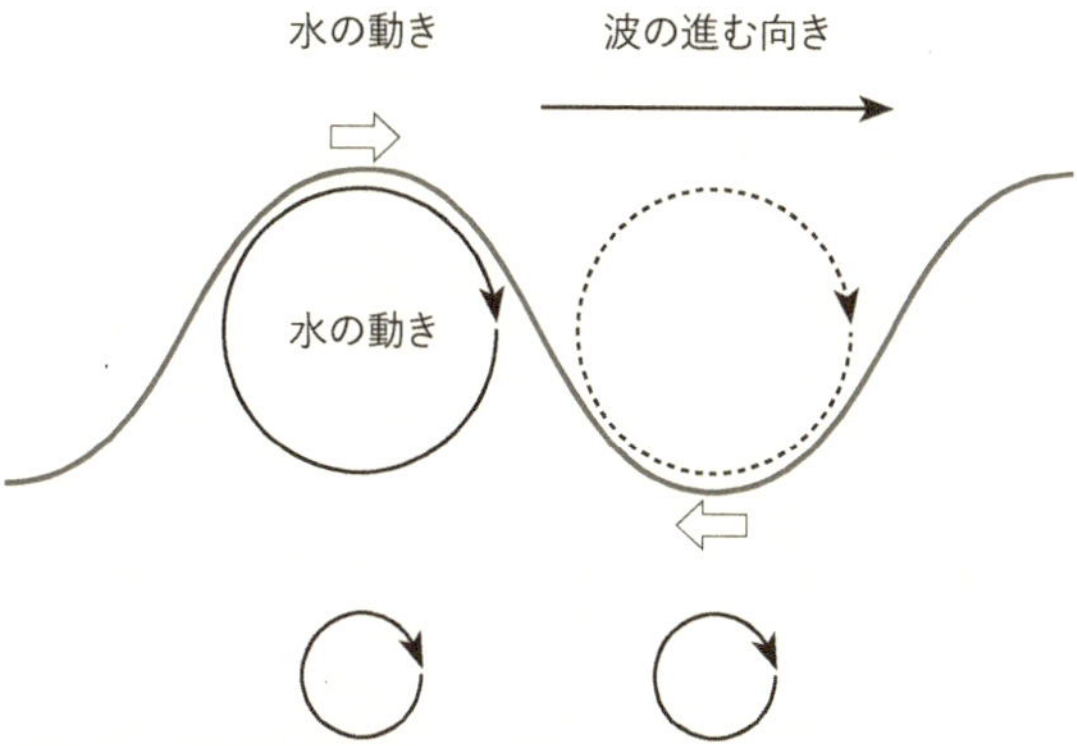

3-1 波の進行と水の動き　波の進行にあわせて、その下の水は円を描くように動く。水は、山の部分では波と同じ向きに、谷の部分では逆の向きに動く。

しまうが、実際には、水は横にもすこし動く。より正確には、波の下の水は、山と谷が伝わっていく向きに、その場で自転車の車輪のように円を描いて動くのだ（図３－１）。

「あれっ」と思った読者がいるかもしれない。いままでの説明では、波を伝える物質、つまり媒質は、単純な往復運動をするだけだった。縦波の音波もそうだったし、一端を固定したロープの、もう片方の端を上下させてつくる横波もそうだった。そもそも、最初に水面の波の説明をしたとき、池に浮いた落ち葉はぷかぷかと上下するだけだといったではないか！

科学を理解しやすくするコツ

これまで、水の波にかんしては、この点をすこしあいまいにしてきた。ここで、きちんと説明しなおしていこう。

たしかに、媒質としての水は「上下するだけだ」と説明した。この説明で意図したのは、波が伝わるとき、水もその波と一緒に遠くへ移動していってしまうのではないということを理解してもらうことだった。水はその場にとどまり、波の形だけが動いていく。波とは、基本的にそういうものだ。まず、そのことを説明したかった。

科学の説明は、らせん階段をのぼるようにすこしずつレベルアップしていくと、とてもわかりやすくなることがある。

たとえば、太陽と地球の関係を小学生に教えるとき、まずは「太陽は東から出て西に沈む」と説明する。これは、太陽が地球のまわりを回るという一種の「天動説」だから、科学の常識からすれば不適切だ。もうすこし強い言い方をすれば、間違った説明なのかもしれない。だが、まず太陽と地球の相互の位置が変わることを「天動説」をとおして説明し、その次の段階として、「ほんとうは、地球のほうが太陽のまわりを回っているんだよ」「地球は自転もしているんだよ」と「地動説」を教える。そのほうが、最初から地動説で説明するよりも理解しやすい。

この本でも、こちらの方法でいきたい。最初から厳密な説明を目指すのではなく、その場で理解しやすいように心がけよう。

というわけで、次の段階として、水面を波が伝わるとき、水は円運動していることをお話ししたい。円運動はしているが、波とともに遠くへ行ってしまうわけではない。水は、自分の位置で、円を描く。「水はたんに上下に動く」という最初の説明のバージョンアップだ。

「波の動き」と「波の下の水の動き」を区別する

水が円を描く、とはどういうことか？　この謎解きは、この本のひとつの山場といっていい。水の波にはいろいろな種類があるが、その違いが、この説明をとおして明らかになるからだ。

次のような順序で話を進める。まず、円運動を、ふたつに分ける。ひとつは横方向、つまり水平方向の話。もうひとつは縦方向、つまり鉛直方向の話だ。

水平方向の動きからはじめよう。ここで、水面のすぐ下の、ある決まった小さな水の塊に着目する。水中の、ある特定の部分の水について考えるわけだ。そして、その水の塊の上を波が通過していくとき、水の塊にどのような力が働くのかを考える。力が働けば、力を加えられたその水の塊は動きだす。その動き方を考えていく。

ここで大切なのは、山と谷が連なっている水面の形としての「波」と、その下の「水の動き」を、意識的に区別して考えることだ。このふたつを混同してしまうと、なにとなにの関係について考えているのかが、つかみにくくなってしまう。

いま、水面では波が左から右に移動しているとする。最初に、波形が谷から山に変わる斜めの

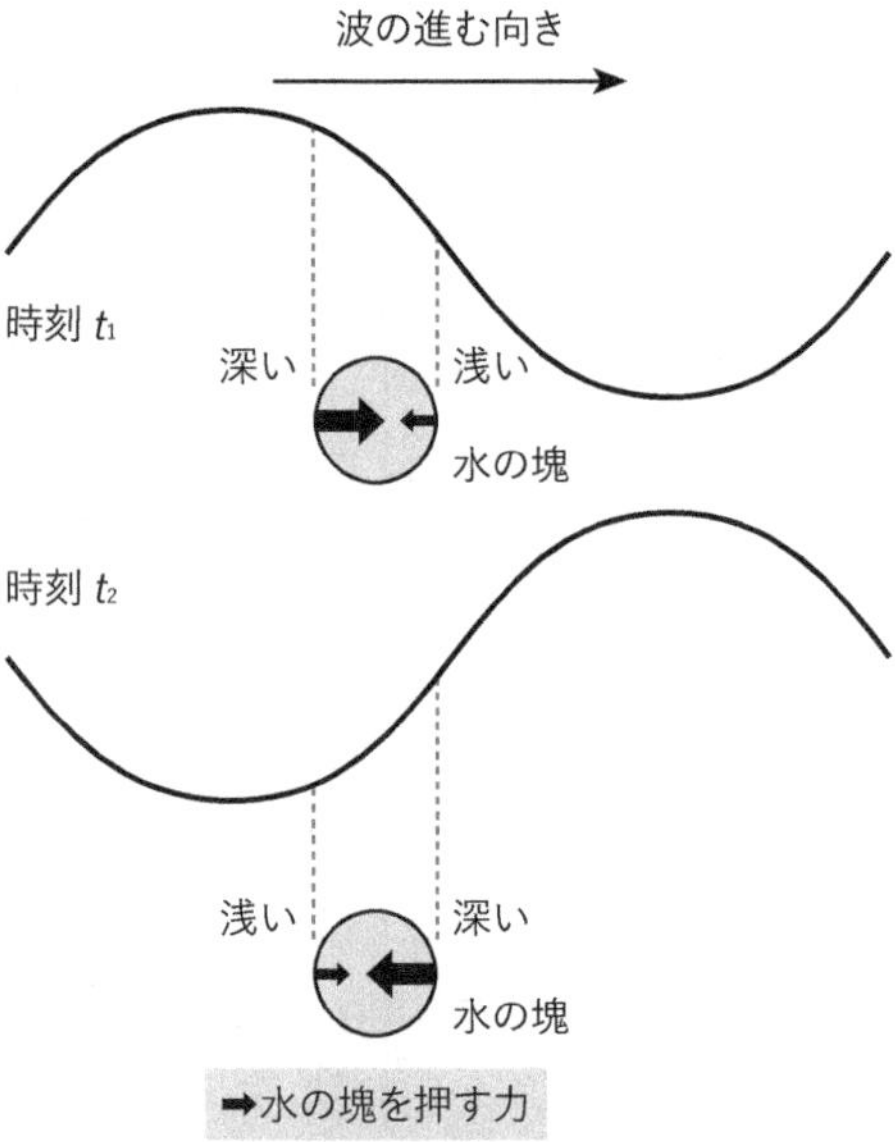

3-2 波の下の水に働く力　時刻 t_1 では、「水の塊」の左側のほうが右側より深いので水圧が高い。そのため、水の塊を左から右に押す力のほうが逆向きの力より強い。次の瞬間（t_2）には波の谷が近づいてきて、力の向きは反対になる。

水面の下にある水の塊を考えてみよう（図3－2の時刻 t_1）。そのとき、水の塊にはどんな力が働いているだろうか。

水の塊の左側と右側には、どのような力が働くだろうか。

この塊には、水の圧力が働く。水の圧力を生みだすのは、それより上にある水の重さだ。水深が深いほど、すなわち、その位置の上にある水が多いほど、圧力が高い。

いま考えている水の塊についてはどうだろう。水面の波が左から右に動いていて、この水の塊の上では、波形が谷から山に移ろうとしている。つまり、水の塊の左側のほうが右側よりも水深が深い。だから、この水の塊を押す圧力は、左側のほうが右側よりも高い。差し引きすると、左から右に向けて力が加わっていることになる。

力が加えられた物体はどうなる？

左から右に向けて力が加わった水の塊は、どのような動きをするだろうか。直感的には、右向きに動くような気がする。だがこれは、的外れではないけれど正解でもない。すこし回り道になるが、高校で習うニュートンの運動の法則についておさらいしておこう。

物体に力が働くと、その物体の動き方のなにが変わるのか。

アイスホッケーを思い浮かべてみよう。いま、サッカーでいえばボールにあたる「パック」が、氷の上で静止しているとする。これを、選手がスティックでバシッとたたく。するとパックは、氷の上を滑り続ける。

スティックでたたいたとき、パックに力が加えられた。力が加えられたことで、パックは、静止している状態から滑り続ける状態に変わった。静止している状態は、「動きがゼロ」のこと。ゼロの動きから滑り続ける動きへ。力は、パックの「動き」を変えた。

スティックでたたかれたあとは、もうパックには力は加えられていない。力が加えられていないからといって、パックは止まってしまうことなく、動き続ける。力が加えられていないから、運動の状態は変わることなく動き続けるのだ。

このことからわかるように、力は物体の動き方を変える。右向きの力を加えられた物体は、もし左に動いていたのならそのスピードが減少し、右に動いていたのなら、そのまま加速される。「力が右向き」イコール「動きが右向き」なのではなく、動きの変化が右向きなのだ。

これをきちんと科学にまとめたのがニュートンだ。物体に力を加えると、その物体は力の向きに、力の大きさに比例した加速度を得る。これが、ニュートンの運動の法則だ。

加速度というのは、速度が変化していく割合のことだ。秒速10メートルで走っている自動車が、10秒後に秒速15メートルになったとしよう。秒速にして5メートルだけ増えたのだ。つまり、1秒あたりでは秒速0・5メートルずつ速くなっていった。これが加速度だ。

加速度の単位は、「メートル毎秒毎秒」だ。速さの単位は「メートル毎秒」で、これは「秒速何メートル」と同じ意味。加速度は、1秒あたりの速さの変化なので、それを意味する「毎秒」がもうひとつ加わって「メートル毎秒毎秒」となる。

いまの例では、自動車が得た加速度は0・5メートル毎秒毎秒。もし、秒速10メートルから10秒後に秒速20メートルになっていたら、加速度は1メートル毎秒毎秒ということになる。先ほどの例の2倍の加速度だ。アクセルを踏み込んでエンジンに強い力を出させ、それを加速に使ったわけだ。

加速度が２倍なら、そのとき自動車に加わっている力も２倍。それが、ニュートンの運動の法則が示す事実だ。

もし、右向きに動いている物体に、左向きに力が加わったらどうなるか。ニュートンの運動の法則によれば、この物体には左向きに加速度が生まれる。その結果、右向きの速さはしだいに遅くなり、やがて停止して、こんどは左向きに加速していく。

それと同じことが、水中に想定した水の塊にも起きる。

水の真上は山か谷か

ここからは、記述を簡単にするため、とくに必要がないかぎり、いちいち「水の塊」といわずに、たんに「水」ということにしよう。これまで「水の塊」といってきたのは、水中のある特定の部分に着目することを強調するためだ。その部分に働く力を表現したかったのだ。大学レベルの教科書では、しばしばこれを「水粒子」と書いてある。水の粒子とは妙な表現だが、「塊」を極限まで小さくしたものが「粒子」だと考えればいい。

先ほどの話の続きだ。水面を左から右に伝わる波を考えているのだった。そして、谷から山に移る部分の下にある水には、左側と右側とで水深が違う分だけ圧力に差があり、その結果、左から右に向けて力が加わっている。

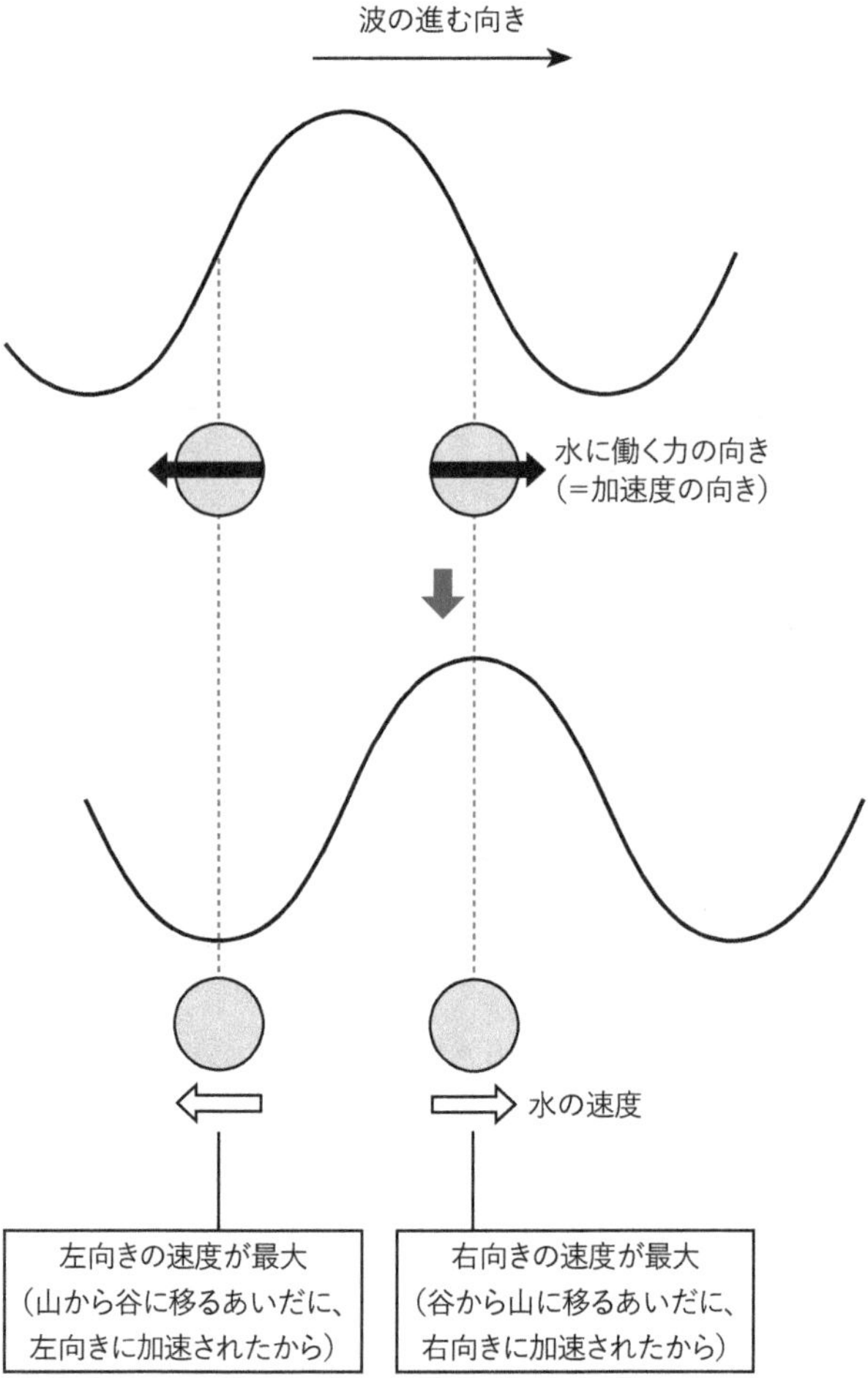

3-3 波の進行と水平方向の水の動き　波の下での水の水平方向の速度は、山の下で波の進行と同じ向きに最大、谷の下で逆向きに最大になる。

ニュートンの運動の法則によれば、このとき、水には右向きの加速度が生じている（図３－３）。これは、右向きに動く速さが増してきているということだ。水は、自分の上を谷から山に変化していく状態で波が進んでいるとき、その波と同じ方向（ここでは右）に加速していくのだ。

この加速はいつまで続くだろうか？　水を左から右に押す力がなくなるまでだ。これは、波の山が真上に来たときに相当する。右からも左からも同じ力で押されるので、働く力はプラスマイナスでゼロになるのだ。

そこをすぎると、こんどは真上が山から谷に移っていく。つまり、水の右側のほうが左側よりも水深が深い状態になる。だから、左側よりも右側の圧力が高く、合わせると右から左に向けて力が働く。その結果、水に生じる加速度は左向きとなる。つまり、左に向かって加速していくのだ（図３－３参照）。

「速さ」で見ると？

いま、水面の波の山／谷と、その下にある水が得る加速度との関係を見てきた。谷がだんだん山になり、頂点をすぎてまた谷にいたる。このとき水の得る加速度は、右向きだったものが頂点でゼロになって、こんどは左向きになる。

これを「加速度」ではなく、「速さ」との関係に読み換えると、次のようになる。谷から山になるときは右向きの速さが増し、山から谷になるときは、それがだんだんゆっくりになる。つまり、水は、自分の真上に山の頂点が来たとき、波が進むのと同じ向きにもっとも速く動くということだ。

では、真上に谷が来たときはどうなっているだろうか。

その直前までは、山から谷に波の形が移ってきたのだから、波の進んでいく先のほう、つまり右側のほうが水深が深く、力の向きは左向きになっている。すなわち、左向きに加速される。谷がすぎると力の向きは右向きに変わり、右向きに加速するようになる。したがって、自分の真上に谷があるとき、水は左向きに最大の速度をもつ。

すこし、こんがらがってきたかもしれない。繰り返すが、いま説明している水の動きは、この先、いろいろな種類の波の性格の違いをはっきりさせるうえで、とても大切なところだ。この大波を、なんとか乗り越えよう。

ここまでに説明してきた波の形と水の動きについて、まとめておこう。いま考えているのは、波が右向きに進んでいる場合。自分の真上に山があるとき、水は右向きにもっとも速く動く。真上に谷が来たとき、水は左向きにもっとも速く動く。山の下の水は波が進むのと同じ向きにもっとも速く動き、谷の下では、波が進むのと反対の向きにもっとも速く動くのだ。

だから、波形が山から谷に移るとき、その下にある水は、波の進む方向にもっとも速く動いていた状態から、反対向きにもっとも速く動く状態に変化する。したがって、波形が山から谷に移る途中で、動く向きが反転する。つまり、山から谷に移る中腹のところで、動く速さはいったんゼロになる。

逆に、谷から山に移るとき、波の進む向き（右）と反対方向（左）にもっとも速く動いていた水は、途中で向きを反転して、山が来たときには、波と同じ向きにもっとも速く動くようになっている。

そして、また山から谷へ――。その波形の下の水は、波の進む方向、そして逆方向に行ったり来たりする。水は、この動きを繰り返す。

上下の動きも考慮すると……？

これまで考えてきた水の動きは、水平方向のものだけだった。水の動きのうち、まずは水平方向についてだけを取り出して考えてきたのだ。実際には、これに上下方向の動きが加わる。

ある場所で波形が谷から山に向かうときは、水面がだんだんと盛り上がっていく。その下にある水は、これにつられて上向きに動く。山から谷に向かうときは、その逆だ。水面は下がっていき、その下の水も下向きに動く。

水平方向の動きと上下方向の動きを組み合わせてみよう（図３－４）。いままでと同じように、

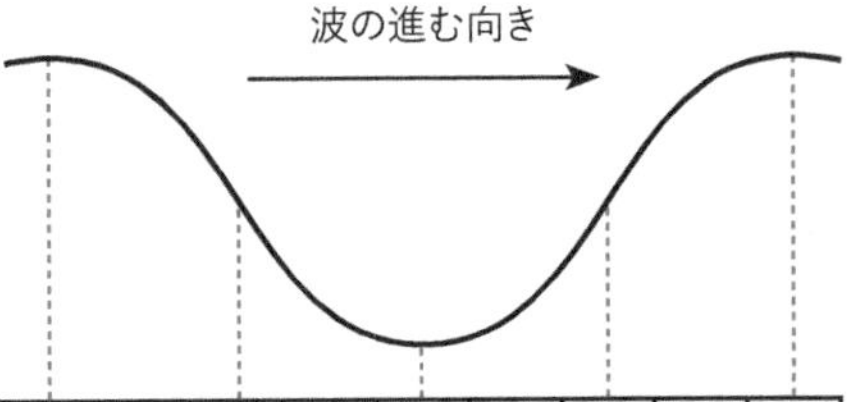
波の進む向き

水の動き（水平方向）	→	→	なし	←	←	←	なし	→	→
水の動き（上下方向）	なし	↑	↑	↑	なし	↓	↓	↓	なし
水の動き（水平＋上下）	→	↗	↑	↖	←	↙	↓	↘	→
本文中の番号	⑨（＝①）	⑧	⑦	⑥	⑤	④	③	②	①

ある場所の水の動きが、波の進行とともに
どう変わっていくかをつなげてみると……

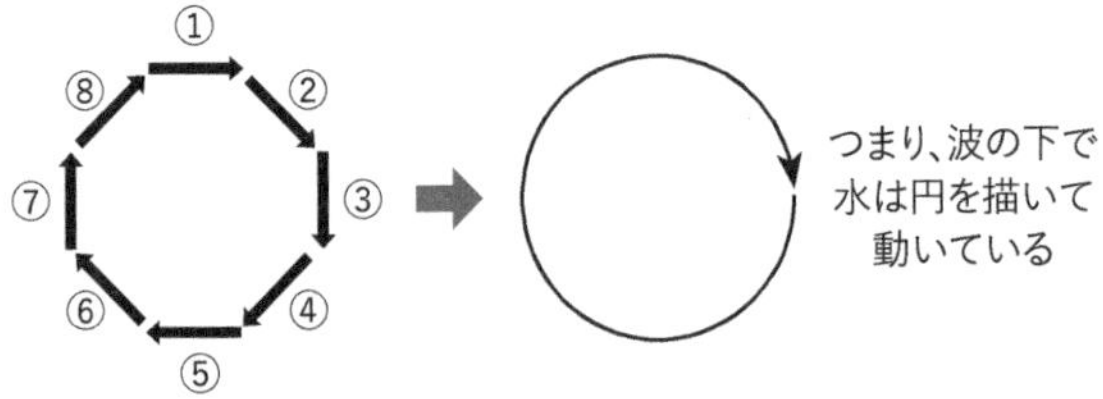
①
②
③
④
⑤
⑥
⑦
⑧
つまり、波の下で
水は円を描いて
動いている

3-4 波の下での水の動き　波を8つの部分に分けて考えると、水は波の下で円を描くことがわかる。

波は左から右に伝わっているものとする。

①いま考えている水の真上に山の頂点があるときは、水は上下に動かないので、その動きは水平に右向き。

②山が通りすぎて谷に向かいはじめると、水平方向の動きはまだ右向きだが、それに下向きの動きが加わる。ふたつの動きを合成すると、水は右下に向かって動く。

③山と谷の中間が来る

と、右向きだった水平方向の動きがゼロになる。上下方向には、まだ下向きのまま。動きを合成すると、水は真下に向かう。

④さらに谷底が近づいてくると、水平方向の動きは、先ほどまでとは逆に左向きになる。上下方向は、依然として下向きのまま。合成すると、動きは左下向き。

⑤真上に谷底が来たとき、上下の動きはなくなる。水平方向の左向きの動きだけ。

⑥谷が通りすぎて山に向かうと、上下方向の動きは上向きに変わる。水平方向には左向き。合成すると左上向きの動き。

⑦谷から山に向かう中間が来ると、それまで左向きだった水平方向の動きが止まる。上下方向には上向き。合成すると上向きの動き。

⑧さらに山の頂点が近づくと、水平方向の動きは右向きになる。これと上向きの動きを合成して、水の動きは右上向き。

⑨（＝①）ふたたび山の頂点が来て、水は水平に動く。この先は、②～⑧と同じことを繰り返すことになる。

縦波でも横波でもなく

いま、水の真上にある波の形を、山から谷になってまた山が来るまで、つまり1波長を、八つの局面に分けて説明した。これをつなぎあわせると、水の動きが八角形で表される。

現実には、波の形は山から谷へ、谷から山へとなめらかにつながっているので、八つに分ける必然性はない。説明しやすいよう、便宜的に八つにしただけだ。

もっと細かく分けていくと、どうなるか？

たとえば、図3－4の②で、右下に向かって動いていた水。最初は右向きの動きが速く、下向きの動きは遅いので、同じ右下向きといっても、かなり水平に近い右下向きになっている。もうすこしたつと右向きの動きが遅くなり、それと同時に、山から谷への傾きがきつくなって下向きの動きは速くなる。右下は右下でも、真下に近い右下向きだ。

このように局面を細かく分けていくと、八角形は一六角形、三二角形……と角を増やしていく。どこまでも増やすと、最終的には円になる。水面の形が山から谷へ、谷から山へとなめらかに移るのと合わせて、その下にある水の動きもなめらかな円を描く。

50ページで、縦波と横波の話をした。波を伝える媒質の動きが、波の進行方向と同じであれば縦波、直角の場合が横波だった。水の波の場合、そのどちらでもないといったことを覚えているだろうか？

もうおわかりだろう。水の動きは円を描くので、波の進行方向に対して直角になったり同じになったりする。だから、水の波は、縦波でも横波でもないのだ。すべての波が、縦波と横波に分けられるのではないことを覚えておこう。

波がもつ、ふたつのエネルギー

波にともなう水の動きを説明したところで、波のエネルギーについて触れておこう。

水の波は、２種類のエネルギーをもっている。ひとつは「運動エネルギー」で、もうひとつは「位置エネルギー」だ。

運動エネルギーは、動いている物体がもっているエネルギーのこと。鉄球を勢いよく壁にあてれば壁は壊れるが、これは、鉄球のもつ運動エネルギーが壁の破壊に使われたためだ。水の波の場合も、水面下で水が円を描いて動いているので、その動きに応じた運動エネルギーをもっている。

位置エネルギーは、高い位置にある物体がもっているエネルギーのこと。ボールをある高さからそっと放すと、下に向かって加速しながら落下する。このとき、ボールの位置が最初より低くなって位置エネルギーが減ったぶん、運動エネルギーが増えている。ふたつのエネルギーの合計は、つねに不変だ。

この、エネルギーの移りあいを端的に示すのが、糸におもりをぶらさげた振り子の動きだ。振り子のおもりは、片側に振れて高い位置で止まり、逆向きに動きだす。中央がもっとも低い点で、そこでスピードは最大になっている。先ほど止まった振れの端っこは、この中央部よりも位置が高い。つまり、おもりが中央部にあるときよりも、大きな位置エネルギーをもっていた。中央部では、その位置エネルギーがすべて運動エネルギーに転換されて、スピードが最大になるのだ。

中央を通りすぎたおもりは、しだいに位置が高くなり、そのぶん動きは遅くなっていく。そして、先ほど反対側で止まったときと同じ高さでふたたび止まり、こんどは逆に動きだす。

振り子は、このようにして運動エネルギーと位置エネルギーの合計を一定に保ったまま、右へ左へと揺れる。エネルギーが、運動エネルギーと位置エネルギーのあいだで移りあう。

水の波も、これとよく似ている。波形の山の部分は谷の部分よりも大きな位置エネルギーをもっている。その位置エネルギーの差が水の動きを生みだし、こんどは水の運動エネルギーが、水面の山や谷をつくりだす。ふたつのエネルギーは互いに移りあい、その合計を一定に保ちながら波は進む。

波の誕生時、すなわち波をつくりだすエネルギーについてもふれておこう。風波は、風が海面に与える運動エネルギーで生まれる。振り子でいえば、静止していたおもりをハンマーでたたいて動かしたことに相当する。たたくことによって、おもりに運動エネルギーを与えたのだ。

第4章で詳しく説明するように、津波は、海底の急な変形が海面に起伏をつくり、それが伝わっていく波だ。その意味で、津波は位置エネルギーを出発点とする波だといえる。振り子では、持ち上げておいたおもりを放して揺らした場合にあたる。

3-2 波と水深の「深い関係」――そこに「底」はあるか？

水が描く円の大きさを考える

ここまでのところで、あえて触れなかった大切な事柄がある。波の下の水が描く円の動きは、水深に関係なくどこでも同じなのだろうか。つまり、浅いところでも深いところでも違いはないのか？

この疑問に対する答えは次のようなものだ。

右に進む波の、谷から山に移る部分の下では、水を左から押す力のほうが右からの力より強いので、その水は波の進行と同じ右向きに加速される……。このような説明は、水深が浅かろうが深かろうが成り立つ。つまり、波の進行とともに、水は深さにかかわらず円を描く。

問題は、その円の大きさだ。水面にある水は、波の通過とともに、山から谷へ、谷から山へと上下するので、円運動の直径はその波の谷から山までの高さになる。そして、理由はあとで説明するが、水深が深くなるとともに、円運動の直径は小さくなっていく（図３-５）。円を描いて動

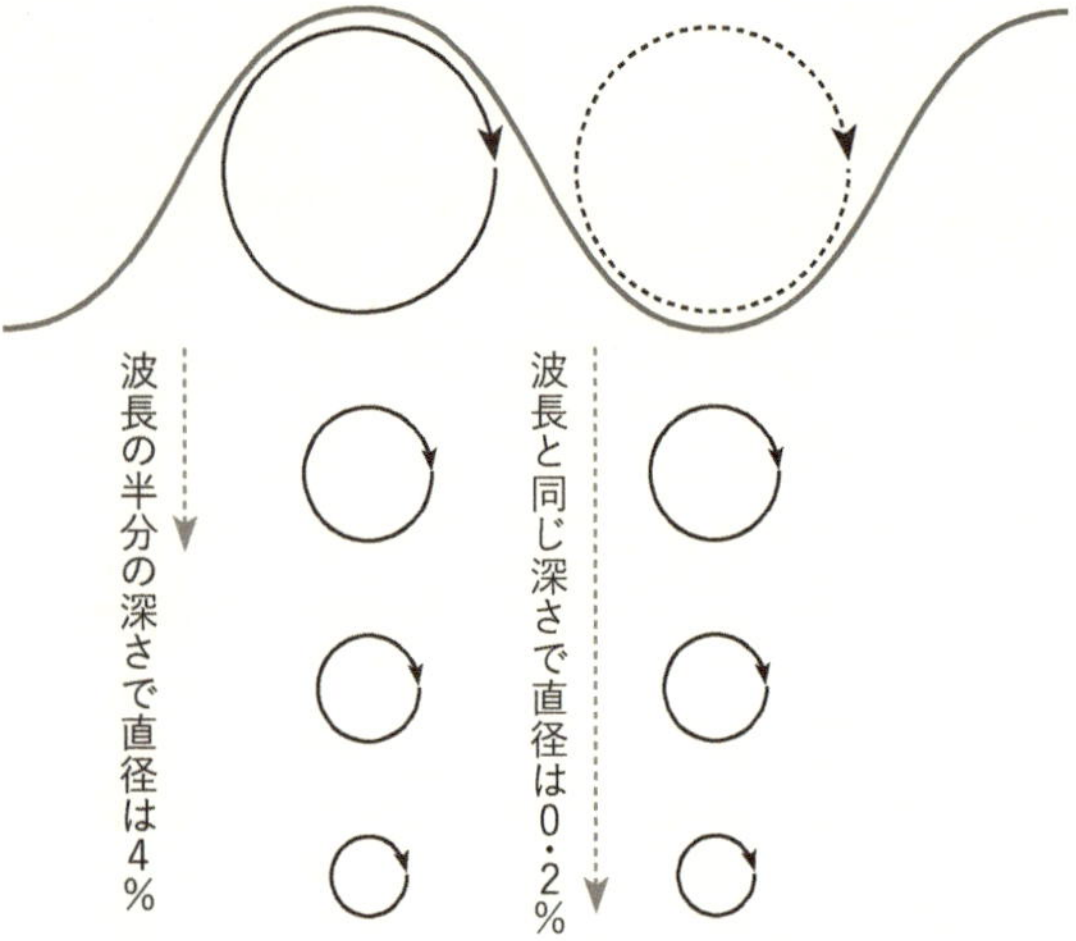

3-5 水の動きと水深の関係　水深が深くなると、動きは小さくなる。

くことは変わらないが、その円が小さくなるということだ。

どれくらいの割合で小さくなっていくかは、この円運動を生みだすもとになっている水面の波の「波長」が関係する。これはもう、数式を使って計算するほかないのだが、波長の半分の水深になれば、円運動の直径は、水面での動きのわずか4%になってしまう。波長と同じ長さだけ深くなれば、その直径は0・2%くらい。もはや、ほとんど動いていないといっていい。

ここまで、「水が円運動する」というおおざっぱな性質を説明してきたが、どれくらいの大きさの動きなのかという量的な説明はしてこなかった。このような「性質」についての説明を「定性的な説明」、「量」にかんする説明を「定量的な説明」という。科学にとってはどちらの視点も大切だ。

こうして定量的に水の動きを考えると、とても重要な結論が見えてくる。水深がある程度より深ければ、水にとっては、もうどれだけ深くても関係ない。どのみち水は動いていないのだから。たとえば、水深5メートルの位置でもう水がほとんど動いていない波ならば、海底までの深さが10メートルであろうと100メートルであろうと1000メートルであろうと、その波にとっては違いがないということだ。

この点はとても大切なので、項をあらためて詳しく説明しよう。そのまえに、なぜ、水の動きは水深が深くなるとともに小さくなるのか。ここに話をもどすことにする。

何を基準に「深い／浅い」は決まるのか

波の進行にともなって水が円運動するのは、水面の山と谷の影響だ。山や谷の位置に応じて、その下の水は左向きの力、右向きの力を交互に受け、しかも水面の上下によって持ち上げられたり下向きに動いたりする。その効果を合成したものが、水の円運動になる（86ページ図３－４参照）。したがって、水が円運動するには、山からの影響と谷からの影響が明確に区別される必要がある。

水面に近い浅い部分の水にとっては、すぐ上にある山と谷は、はっきりと別物だ。いま自分の

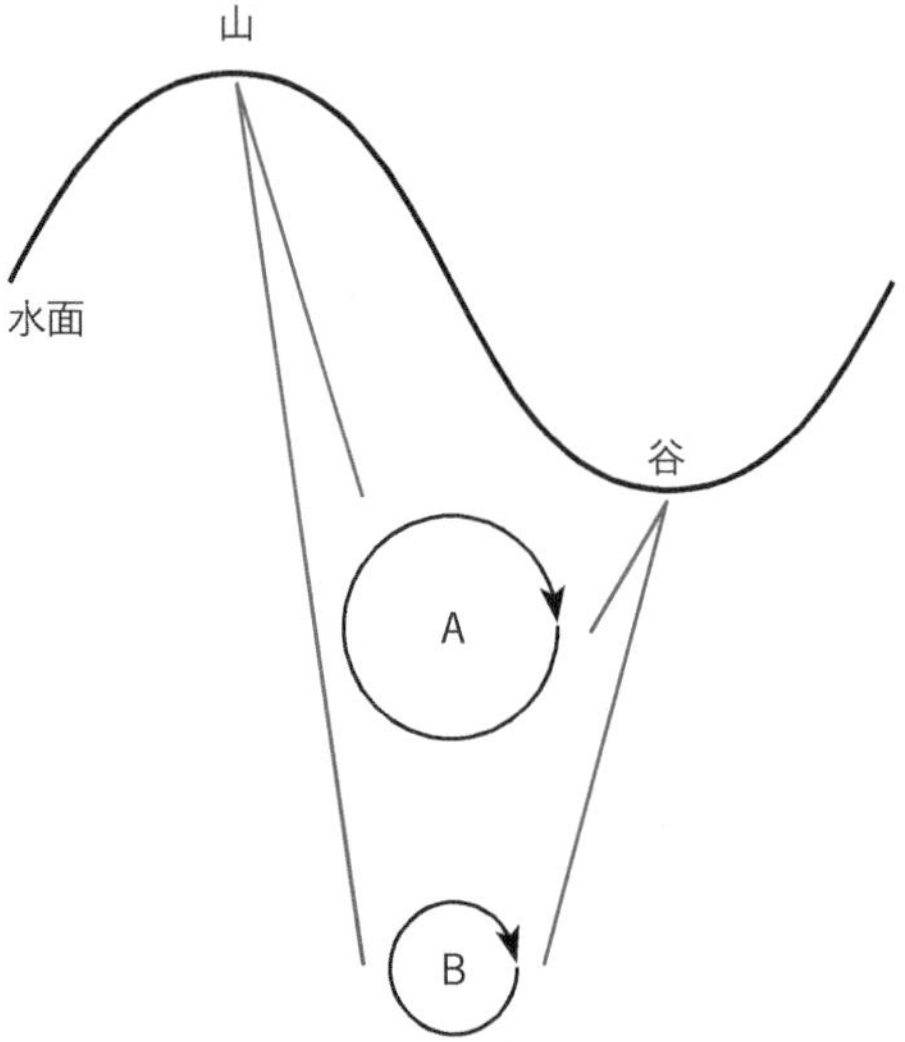

3-6 水面の山、谷から受ける影響と水深の関係
水深が深いBは、Aにくらべて、自分の上に山があるのか谷があるのか区別しにくい→円運動の原因となる山、谷からの影響の違いが小さい→円運動の大きさは、深いBのほうが浅いAより小さい。

真上にあるのが山なのか谷なのか、よく区別できないなどということはない。山から受ける影響と谷から受ける影響の違いは、歴然としている。

　深い部分にある水の場合はどうか（図3－6）。はるか上方の水面で、山と谷が移動しているという状況だ。こうなると、山も谷も自分の位置からは遠すぎて、いま真上に山があるのか谷があるのかが、はっきりしなくなっている。まったくわからなくなれば、もう水は動かない。

　この説明を、もういちど違う例で考えてみよう。いま、赤いボールと青いボールを3メートル離して水面に浮かべたとしよう。そして、赤いボールはあなたを吸いつけ、青いボールはあなたを遠ざける力をもっているとする。

　これを、たとえば１メートルの水深から見上げてみる。すると、左手のほうに赤いボール、右手のほうに青いボールという具合に、自分に対するふたつのボールの位置は、はっきりと区別できるだろう。だから、あなたは、吸いつける力のある赤いボールのほうに寄っていくことになる。先ほどの水の波でいえば、山と谷を区別できる状況だ。

　ところが、これを１００メートルの水深から見た場合は、話が違ってくる。左手や右手という明確な方向の区別はもやはできず、両方のボールがまとまってはるか上方の水面に浮いているだけ。ふたつのボールの位置の違いは不鮮明になっている。つまり、赤いボールの吸いつける力と、青いボールの遠ざける力が、この水深からだとプラスマイナスゼロになってしまい、あなたはどちらの力も感じることができない。すなわち、あなたは動かない。水の波でいえば、山と谷を区別できない状態だ。

　それでは、どれくらいの深さから、山と谷の区別がつきにくくなるのか。それには、山と谷がどれだけ離れているか、つまり「波の波長」が関係している。先ほどのボールの例でいえば、ふたつのボールの間隔にあたる量だ。

　波長が長ければ山と谷は離れているから、水深がかなり深いところからでも区別できる。波長が短い場合は、すこし深くなるだけで、もう山と谷は区別しにくくなる。深いか浅いかは、波の波長との関係で決まる相対的なものなのだ。先に、「波長の半分の深さでは……」という具合に波長を基準に説明したのは、そのためだ。そして、このことが、第1章で触れた「海底を感じるかどうか」に大きくかかわってくる。

ものさしは「波長の半分」

水面を波が伝わるとき、波の下では水が円運動している。その円の大きさは、水深が増すとともに小さくなる。波の山から山までの長さ、すなわち波長と同じだけ深いところでは、円運動の大きさは水面近くの0・2%になっている。

たとえば、波の波長が10メートルだったら、水深10メートルの部分の水は、もうほとんど動いていないということだ。すなわち、水深が10メートル以上なら、そこの水深がどれだけであろうと、波の伝わり方には影響しない。言い換えると、この水の波は、海底がどれだけ深いところにあろうと関係ない。このような波を「海底を感じていない」と表現するのだ。

風からじゅうぶんにエネルギーをもらってよく発達した波の場合、風速が自転車なみの時速20キロメートルだと、平均波長は10メートルくらいになる。自動車なみの時速60キロメートルの風だと波長は90メートルくらい。台風時の強風のような、時速90キロメートルほどの風が吹き続けると、平均波長は200メートル程度になるが、こんな波でも、海底を感じられる限界は水深2

００メートルくらいまで。それより深いところでは、水はほとんど動いていない。だから、海面に波がたっていても、あるていど潜れば海中は静かだ。そうでなければ、潜水艦はたまったものではない。

いまは話を簡単にするため、波の波長と同じだけ潜ると水の動きはほとんどなくなると説明した。しかし、波の科学の世界では、波長ではなく、波長の半分を基準にして波を分類している。水深が波の波長の半分より深いとき、この波を「深水波《しんすいは》」とよぶ。水深の深い場所で水面を伝わる波という意味だ。波長の半分でも、水の動きは海面近くのわずか４％になっているので、現実的にはそれでじゅうぶんというわけだ。

波長が１００メートルだったら、海底までの深さが50メートル以上あれば、これを深水波とよんでいる。

理屈のうえでは、どれだけ深くなっても、水の動きは完全にゼロにはならない。だから、動きが水面近くの４％になるこの深さを境目にしなければならない理由はない。「波長の半分」という境目は厳密なものではなく、科学の世界での習慣といったほうがよいだろう。

深水波は、「深海波」とか「表面波」とよばれることもある。深海波は、文字どおり深い海のところで水面を伝わる波という意味だ。一方の表面波は、水の円運動が水深とともに小さくなっていく点に注目し、水の動きが水の表面に近い浅い部分に限定されている波を意味している。深水波といっても、深い水中を伝わっている波ではなく、あくまでも「水面を伝わる波」であることにあらためて注意しておこう。

ちなみに、地震にも「表面波」が登場する。もちろん、深水波とは別物だ。地震の表面波は、地中深くではなく地面の近くだけで伝わる震動という意味での「表面」の波だ。レイリー波とラブ波の2種類がある。いずれも地中の浅い部分ほど震動が大きく、地表面から波の波長くらいの深さになると、ほとんど震動しなくなる。

両者の違いは、波の進む方向に対して地面や地中が揺れる向きだ。ラブ波は、波の進行方向に対して左右に揺れる。レイリー波の場合は、深水波のように縦の回転になる。

海底を感じる波——動きたくても動けない！

水深が、水面を伝わる波の波長の半分以上あれば、実質的には海底はないも同じ——それが、海底を感じない深水波だった。

それでは、水深が波長の半分よりも浅かったらどうなるか（図3-7）。

波長の半分より浅いところでは、水はそれなりの大きさで円運動している。いや、しようとしている。それなのに、そこに底があると自由に円運動できない。底があるのとないのとでは大違いだ。このとき波は、底を感じている。感じて、自由な円運動ができなくなっている。水深が波

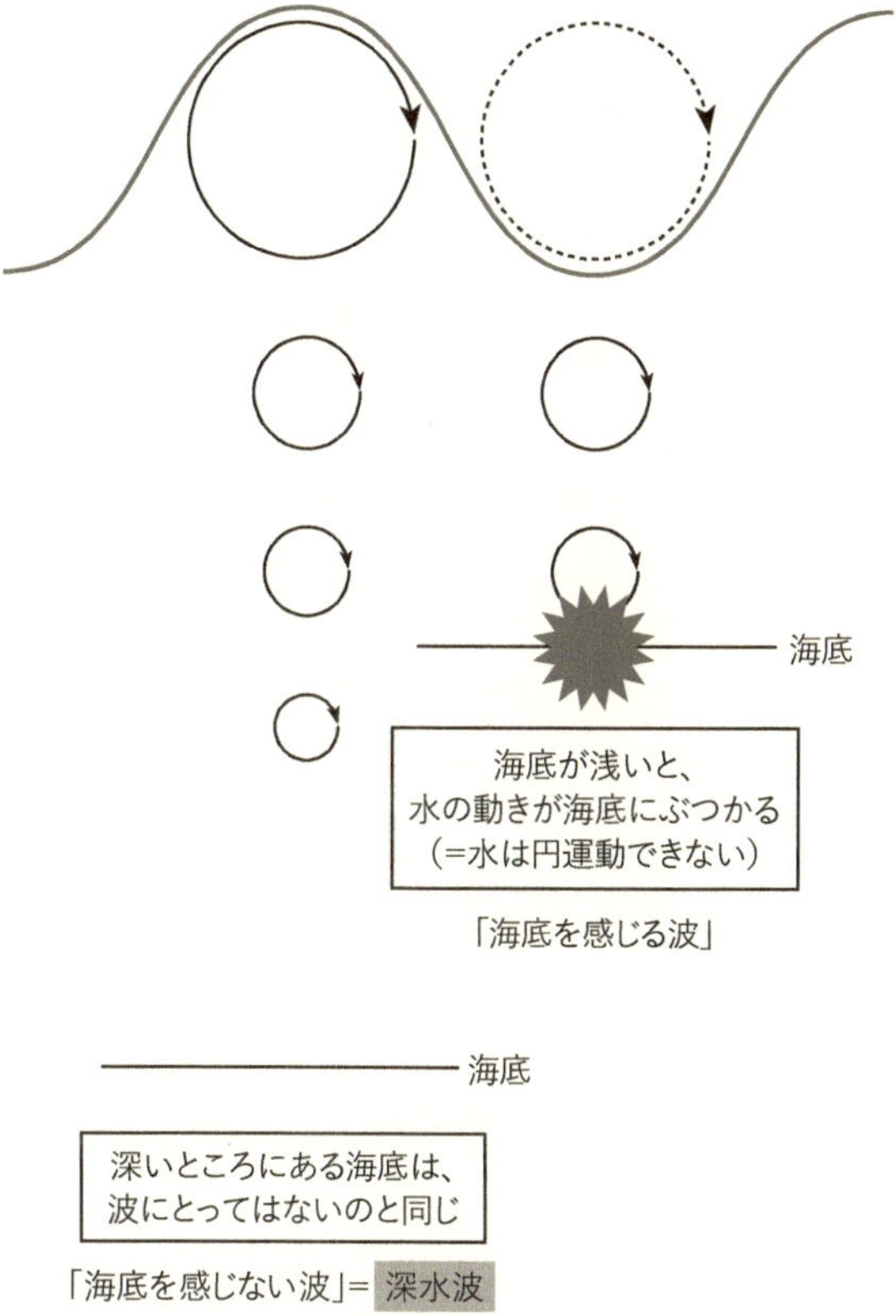
海底
海底が浅いと、
水の動きが海底にぶつかる
(=水は円運動できない)
「海底を感じる波」
海底
深いところにある海底は、
波にとってはないのと同じ
「海底を感じない波」= 深水波

3-7 波による水の動きと海底の関係　波長にくらべて海底が深いと、水は底を感じない。浅いと、水は円を描けない。

長の半分より浅い海域を進む波は、まさしく海底を感じているのである。

ここでは、海底を感じる波、感じない波について、その全体像をざっと見ておこう。

海底を感じる波の場合、水は海底でどう動いているのか。

話を簡単にするために、海底は真っ平らだとしよう。この海底にぴったりくっついている水は、どのように動けるだろうか。これより下へは決して動けない。なにしろ、そこは海底なのだから。上には動けるが、ある水が上に動けば、その空いたところを埋めるように隣の水が入ってこなければならず、きわめて複雑な流れになる。まったくあり得ないわけではないが、もっとも単純な動きは、平らな海底にくっついたまま水平に行ったり来たりする往復運動だ。

海底を感じる波のうち、波長がとても長い場合——もうすこし正確にいうと、水深にくらべて波長がとても長い波の場合は、この海底の影響がそのまま水面にまでおよぶ。つまり、水は海底から水面まで水平に往復運動するだけだ。円運動ではない。水の動きが海底の影響を非常に強く受けているからだ。しかも、行ったり来たりする往復運動の大きさは、海底から水面まで同じだ。水面から海底まで、水は一様に行ったり来たりする。

このような波は、「長波《ちょうは》」とよばれている。水深にくらべて波長がきわめて長い波という意味だ。波長が水深の25倍以上ある波を長波とよぶのが慣例になっている。

現実の海では、津波が典型的な長波だ。海の平均水深は4キロメートルくらいなので、長波の波長はその25倍である１００キロメートル以上。津波の波長は数百キロメートルにおよぶこともあるほど長いので、海のほとんどは津波にとっては浅い海なのだ。津波は、海底の影響をとても強く受ける長波なのである。

長波の性質については、津波をあつかう第４章で、詳しく説明しよう。

海底をそこそこ感じている波

水深が波長の半分よりも深ければ「深水波」。波長の25分の１よりも浅ければ「長波」。では、その中間はどうなっているのか？

波の分類では、この中間の波を「浅水波《せんすいは》」とよぶ。波は、伝わる海域の水深が波長にくらべて深い順に、「深水波」「浅水波」「長波」とよばれている（図３－８）。

「水深が深くて海底を感じていない」深水波では、水は円運動していた。「水深が浅くて海底を非常に強く感じている」長波では、水は上から下まで水平の往復運動だった。となると、その中間の浅水波は、水の動きも円運動と水平な往復運動の中間、ということになる。つまり、上下につぶれた楕円形になるのだ。海底の影響をそこそこ感じているので、水の動きは円形にはならない。とはいえ、さほど強く感じているわけではないので、水平運動にもならない。

この本ではいま、深水波について説明している途中だ。底を感じない深水波。底を感じる波と

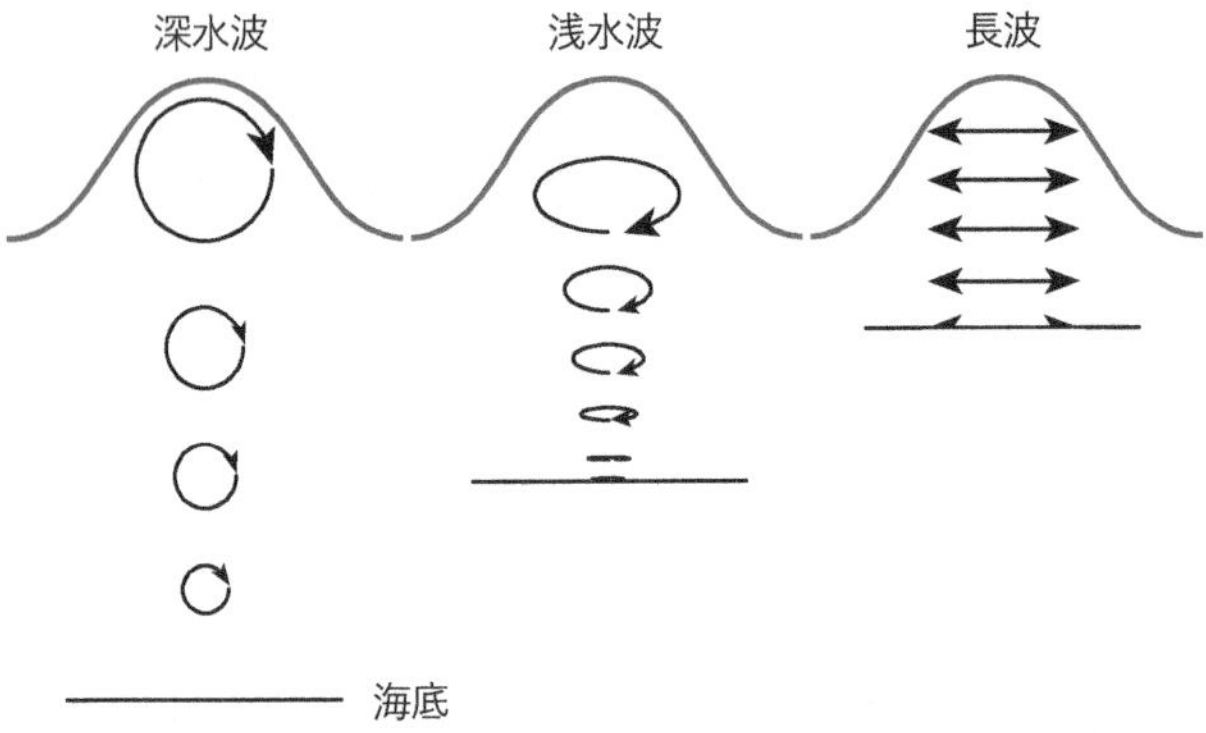

3-8 海底の深さと波の種類 波の波長にくらべて海底が深いところにあると「深水波」。じゅうぶんに浅いと「長波」。その中間が「浅水波」。

して、長波にもすこし触れたが、こちらはあとであらためて詳しく取りあげる。そして、深水波と長波のあいだをつなぐ浅水波。こういう順に登場させた。

じつは、大学レベルの教科書では、通常はこのような順にはしない。まず浅水波から、かなり高度な数学を使って、その性質を数式で表してしまう。もちろん、水の動きは楕円形を表す数式になっている。そして浅水波を表す数式から、波長にくらべて水深が非常に深い極端な場合の数式を導く。そう、深水波だ。逆に、水深がきわめて浅い極端な場合の数式が長波になる。

こうして導いた数式を眺めて、あらためて深水波と長波の性質を考えていく。深水波と長波を、その中間型である浅水波の極端なケースとして扱うのだ。

物理学の世界では、可能なかぎり一般的な法則・

一般的な表記を尊重するので、すべてを含む浅水波をまず教えるのは、学問的にはたしかに理にかなっている。

だが、「すべてを含む」というのは、その特徴を説明しにくいということでもある。波の特徴が際立たないからだ。だから、この本では、極端なケースである深水波と長波をおもに取りあげることで、波の基本的な性質を説明する。極端ではあっても、非現実的ということではない。浜辺に近づく波長が数メートルの波なら、人間の背丈くらいの水深があれば、もう深水波だ。海水浴でおなじみのごくふつうの波だ。この本の後半の主役である津波は長波。深水波と長波で、お話ししたい波がほぼカバーできる。

学問的なアプローチに興味がある人は、ぜひ、波動や流体力学、海岸工学などの教科書にトライしてみてほしい。ただし、教科書によっては、長波のことを浅水波とよび、「深水波」「ふつうの波」「浅水波」の３種類に分けている場合もあるので、混乱しないように。

ここからは、深水波を例に、波のふしぎな性質を見ていこう。「うねりは、うねりが進む速さの半分のスピードでやってくる」などという妙なことが起きている世界へようこそ！

3-3 速い波、遅い波――そして波は止まれない

波の速さはなにが決める？

いま、広い海の真っただ中で、風が強く吹いていたとしよう。風のエネルギーが海に移って波がたつ。波長の長いゆったりした波や、隣り合った山と山が近い波長の短い波。さまざまな波長の波が重なって、海面は複雑な形になっている。たとえば台風の下などで、ちょうどこのような状況になる。沖合の強風域では、波長が１００メートルくらいの波がよく発生する。もちろん、もっと凹凸が密な波長の短い波もこれに重なっている。

この風が、急にやんだらどうなるか。複雑な海面の形は、その形を保ったまま波として進んでいくのだろうか？　天気予報を見ていると、台風が去ったあとに「台風からのうねりがまだ残っているので、高波に注意してください」と説明していることがある。この高波は、台風の直下で発生した複雑な形の波そのものなのだろうか？

先ほど説明したように、水深が波長の半分よりも深い海を伝わる波は、海底を感じていない深水波だ。波長が１００メートルの波であれば、水深が50メートルより深ければ、その波は深水波

になる。したがって、遠くの海域で風が吹いて生まれた波は、海岸に近づいて水深が浅くなってくるまでは、まず深水波だと思っていい。

沖合の海面に生まれた複雑な形の波は、じつは、その形のままでは伝わってこない。深水波は、その波長によって進む速さが違うからだ（図３‐９）。波長が長いほど、進むスピードが速い。深水波はそもそも「海底を感じない波」なので、水深がどれだけ深くても関係ない。どこを伝わっていようと、進むスピードに影響するのは、波そのものの波長だけだ。

したがって、沖合の強風域で生まれた波のうち、波長の長いものが速く伝わり、短いものは遅れる。同時に生まれても、伝わっているうちにバラバラになってしまうのだ。複雑な波形をつくっている波の成分のうち、波長の長い順にそこから前方に抜けだしてしまうからだ。

波は〝自分〟を見失わない

ここで、第2章でお話しした「波の独立性」を思いだしてほしい（46ページ参照）。いくつかの波が出合って新たな形になっていても、それはたまたま重ね合わされてその形になっているだけで、それぞれの波の「独立性」は保たれている。自分を失って新たな波になってしまっているのではない。だから、それぞれの波は、その場をすぎるとまたもとの形にもどり、自分のペースで進んでいく。それが波の独立性だった。

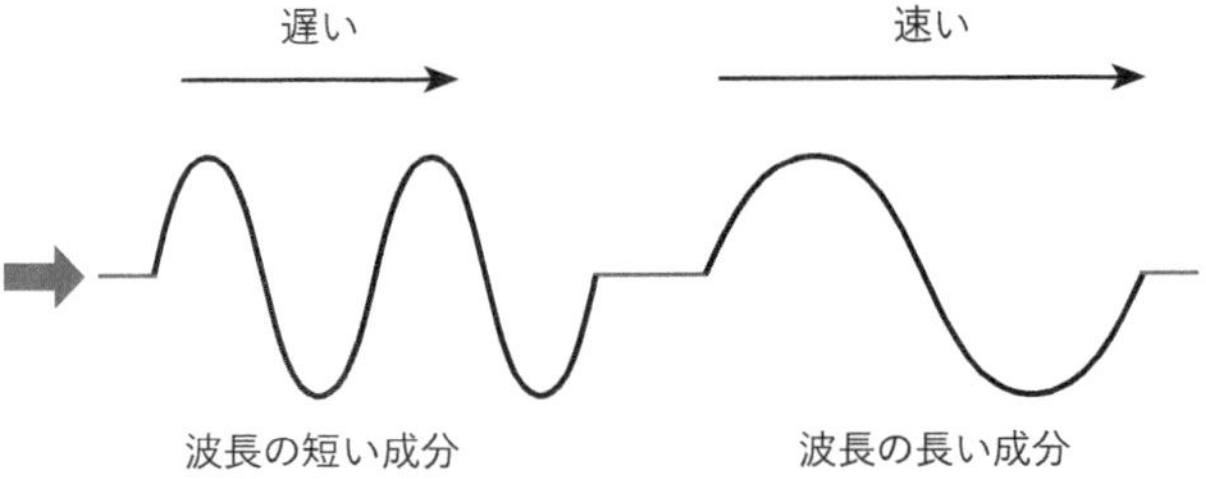

3-9 深水波の波長と速さ 深水波は、波長が長いほど速く進む。成分として含まれる波のうち、波長の長いものが先に行ってしまう。

風で生まれた海面の複雑な形は、いろいろな波が重なってできたもの。だが、それぞれの波は「独立性」を保っているから、自分の進むべき速さで、その場を抜けだしていく。波がこの特有な性質をもっているからこそ、海面の複雑な形はばらけていくのだ。

さて、深水波が伝わるスピードと波長の関係は、これまでの研究で明らかになっている。波長が4倍になればスピードは2倍、波長が9倍になれば3倍という具合に速くなっていくのだ（108ページの図3－10）。

ここで計算方法は説明しないが、波長が100メートルの波だとスピードは秒速12・5メートル、時速にして45キロメートルになる。街中を車で走るくらいの速さだ。波長が10メートルだと秒速4メートルで、時速にすると14キロメートル。ゆっくり自転車をこぐくらいのスピードだ。

だから、波長が100メートルの波に波長10メートルの波が重なっていれば、波長100メートルの波は、10メートルの波

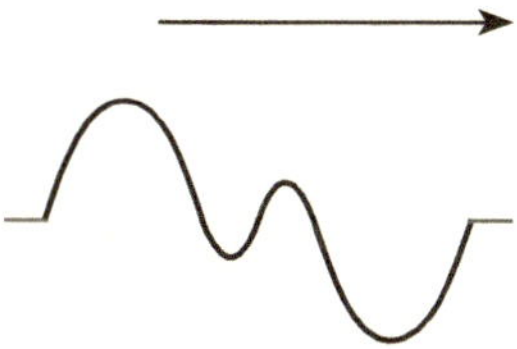

を置き去りにしてどんどん進んでいってしまう。このふたつの波が重なってできていたもとの波形は、伝わるうちに崩れてしまう。もとの複雑な波形が維持されることはない。

マジックナンバー「１・７」

深水波が進む速さは、波長が短いほど遅い。ならば、山と山とが近接したほんとうに細かな波、かぎりなく波長の短い波は、ほとんど止まってしまうのだろうか？

じつは、そうはならない。水面を伝わる波には、最低スピードがあるからだ。理論的な研究によれば、その最低スピードは秒速23センチメートル。これより遅くなることはない。60ページで、波の復元力について説明したとき、水面に働く力として表面張力に触れた。水面の面積をできるだけ小さくするように働く力だ。

水の分子は、マイナスの電気を帯びた酸素原子がひとつと、プラスの電気を帯びたふたつの水素原子が結びついてできている。このとき、隣りあう水の分子どうしには、引きあう力が働く。プラスの水素原子が、マイナスになっている隣の酸素原子と引きあうからだ。隣りあった水の分子どうしは、この引きあう力で「水素結合」という結びつきをつくる。

平らだった水面に凹凸ができると、そのぶんだけ水面が引き伸ばされるわけだから、水面の水分子たちは引きあって平らにもどそうとする。この表面張力が復元力となって波ができる。これが「表面張力波」だ。

水面にできる波には、この表面張力と重力が同時に働いている。波長の短い波には表面張力のほうが強く効き、波長が長いと重力のほうが優勢になる。この両方の力を考えに入れて水面の波を理論的に調べると、どちらが優勢になるかという境目は、波長が１・７センチメートルのところにある。それより波長が細かいと表面張力波、長いと重力による波だと思えばいい。

深水波の波長(メートル)	進む速さ(メートル毎秒)
300	21.6
200	17.7
100	12.5
50	8.8
30	6.8

3-10 深水波の波長と進む速さ

「ほとんど止まりそうな波」はなぜ存在しないか

重力を復元力とするふつうの波は、波長が長いほど速く伝わる。表面張力波はその逆で、波長が短いほど速い。

いま、波長が何メートルもあるような重力の波を考えよう。だんだん波長を短くしていくと、波の進行速度は遅くなる。短くすればするほど遅くなる。だが、これは、重力による波としての性質を保てる波長1・7センチメートルのところでおしまい。さらに波長を短くしていくと、そこからは、表面張力波としての性質になる。つまり、波長が短いほど、波の進行速度は速くなる。だから、水面を伝わる波でいちばん進行速度が遅いのは、ふたつの性質の境目にあたる波長1・7センチメートルのところ。そのときの速さが秒速23センチメートルだ。したがって、海面には、ほとんど止まりそうな波というものはない。

分散性をもつ波、もたない波

重力によってできる波に話をもどそう。

深水波のように、そして表面張力波もじつはそうなのだが、波長によって波の伝わる速さが違うとき、この波は「分散性」をもっているという。いろいろな波長の深水波がひとところからスタートしても、伝わっているうちにバラバラに分散してしまう。老若男女がヨーイドンで走りだすと、速い人も遅い人もいるので、すぐにばらけて分散する。ちょうど、そんなイメージだ。

深水波は分散性の波で、波長が長いほど伝わるスピードが速い。ちなみに、津波に代表される「長波」には分散性がなく、波長が違っても伝わる速さは同じだ。だから、沖合でできた複雑な波形は、沿岸近くまで崩れることなくそのまま伝わってくる（第4章参照）。

音波もまた、分散性をもたない。もし音波に分散性があったら、音楽など聴けたものではない。

43ページで紹介したように、オーケストラが各楽器の音の高さをそろえるときに使う「ラ」の音は、振動数が440ヘルツの音。つまり、空気の疎密のペアが1秒間に440回、聴いている人の耳に届く音だった。楽器による音色の違いは、この音波に重なっている、より細かいパターンの波形で生まれる。同じ「ラ」の高さの音でも、それぞれの楽器に特有の細かい波形が「ラ」の波形に重なっているので、バイオリンやフルートといった楽器の音色の違いがわかる。そう説明した。

もし音波に、深水波のような分散性があったらどうなるだろうか。バイオリンが「ラ」の音を出しても、こちらの耳に届くまでに波形が崩れてしまう。「ラ」の波形が、そこに乗っている細かい波形を置き去りにして、自分だけ先に行ってしまう。そんなことが起きるのだ。そうなれば、細かい波形のなくなった裸の「ラ」は、どんな楽器の音になるのだろう? すくなくとも、もはやバイオリンの音ではない。

オーケストラの演奏をステージから離れた席で聴いていても、バイオリンはバイオリンの音として、フルートはフルートの音として聞こえてくる。あたりまえのことのようだが、こうして音楽を楽しめるのは、音波に分散性がないおかげなのだ。

分散性と独立性の深い関係

独立性だの分散性だの、「性」の字がついた言葉が並んだ。混乱しないように、ここでその関係をまとめておこう。

独立性というのは、いくつかの波が重なっても、それぞれの波は自分の個性を独立独歩で保っていること。重ね合わせでできた複雑な形の波は、決して新たな別の波というわけではなく、その実体は、成分として含まれているそれぞれの波なのだ。

だからこそ、分散性という性質が意味をもつ。もし、波に独立性がなくて、ふたつの波が出合ってすっかり新たな波に変化してしまうのなら、「それを構成するもとの波が、それぞれのスピードで進んでいく」ということはありえない。「もとの波」がなくなってしまっているのだから。

独立性と分散性とは別々の事柄だが、両者には深い関係がある。

3-4 「波の群れ」には謎がいっぱい

群れた波は伝わる速さが変わる!?

波の速さにかんするおもしろい現象を知ってもらうために、まずは素朴な質問に答えてみていただきたい。

波長が100メートルの波の時速は45キロメートル。それなら、海岸から1000キロメートル離れた沖合でこの波が生まれたとすると、1000割る45で22時間あまり、つまり、ほぼ1日で海岸に到達する。この計算は正しい？　それとも間違い？

いかにも単純な割り算で答えが出そうなものなのに、ふしぎなことにこの計算は正しくない。結論からいうと、2倍の時間がかかるのだ。つまり、1000キロメートル離れた台風がつくった波長100メートルのうねりは、1日ではなく2日かけてやってくる。台風が去っても、しばらく油断してはいけないのはそのためだ。

うねりがやってくるこのスピード、すなわち、単純計算で予測するよりずっと遅いこのスピードは、いったいなんのスピードなのか？

自然現象を科学的に考えていくとき、複雑な現象をできるだけ単純化して考えやすくすることは大切だ。だが、そのとき、解明しようとしている現象の本質が抜け落ちてしまうほど単純化してはいけない。そのさじ加減が難しい、という話をまえにした。ここで、「うねりは1日でやってくる」と間違えてしまう際の考え方が、その悪い例になってしまっている。

ここでは、波長が100メートルという1種類の波だけを考えた。この単純化がいけなかった。現実の海では、そのようなことはありえないからだ。

もし波長100メートルの波があれば、波長101メートルの波も、波長99メートルの波も発生している。おおざっぱに波長100メートルの波といっても、そこには波長がわずかに異なる波がまじっていて、それらが集団となって伝わってくる。波長が100メートル前後のいくつかの波、つまり、波長100メートルの波を代表として、それとわずかに波長の違う波が脇を固めた波の集団だ。

「集団」とはいっても、波長が99メートル、100メートル、101メートルなどの波が、ただ寄り集まっているのではない。それらが重ね合わされて、実際には波長100メートルのうねりしかないように見えるのだ。

そして、奇妙なことに、このうねりが、第1グループ、第2グループ……というように、いくつもの〝群れ〟に分かれてやってくる。海岸から見ていると、しばらく続いたうねりがふと気づくとなくなり、すこし経つと、またうねりが続く。そんなことを繰り返す。うねりがいくつもの群れになって、なんどもなんども押し寄せるのだ。そのからくりについて、これから説明していきたい。

この「波長100メートルのうねりの群れ」が海面を移動する速さは、波長100メートルの波が単独で伝わる速さとは違う。その速さを求めるにはどうしても計算が必要になるので、それを省いて結果だけをいうと、この波の群れがやってくるスピードは、そこに見えている波の波長が100メートルであるにもかかわらず、波長100メートルの波が単独で進む速さの半分になっている。

波が群れとなって伝わるときのこの速度を「群速度《ぐんそくど》」という。波長がよく似た波の重ね合わせでできた波が、「群れ」となって移動するときの速度という意味だ。

まさに動物の群れのような「群れ」である。そして、この群れが次から次へとやってくる。まだはっきりとイメージがわかないかもしれない。たとえ話を使いながら、さらに説明を進めよう。

「群れ」から消えるシマウマ!?

波の波長にくらべて海底が深いときに水面を伝わる波、すなわち深水波の場合、ひとつの波長の波が単独で伝わる速さの半分の速さで群れは進む。波そのものが伝わる速さを、物理の言葉では「位相速度」という。位相とは、波の形の山や谷の位置のこと。その山や谷が進んでいく速さが位相速度だ。この言葉を使えば、深水波の場合、群速度は位相速度の半分ということになる。

位相速度と群速度の関係は、波の種類によってさまざまだ。たとえば、同じ水面の波でも、山から山までの距離がうんと近い細かな表面張力波では、群速度は位相速度の1・5倍。深水波とは逆に、群速度のほうが速い。

位相速度と群速度の違いをイメージしてもらうために、こんなたとえ話はどうだろう。とてもふしぎな話だが、まずは先入観を抜きにして読んでみてほしい。

ここはアフリカの大草原だ。たくさんのシマウマが草を食べている。なにかに驚いたのか、シマウマたちがいっせいに走りだす。たくさんのシマウマがひとつの群れとなって駆けていく。この場合は、シマウマの走る速さが群れの動く速さだ。これなら、わかりやすい。ところが、もしシマウマが深水波だったら、じつに奇妙な現象が起こる。

シマウマの走る速さは、時速40キロメートルだとしよう。シマウマが深水波の性質をもっていたなら、その群れは、単独のシマウマが駆ける速さの半分の、時速20キロメートルで動いていく。それにもかかわらず、個々のシマウマが群れから飛びだしてしまうことはない。群れは、群れとしての形を保っている。これが100頭の群れだったら、いつまでも100頭がばらけずに群れを維持したままなのだ。

いったいどういうことなのか？

群れのなかでは、次のようなことが起きている。群れが動く速さは時速20キロメートルだから、時速40キロメートルで走る個々のシマウマは、当然ながら群れの移動スピードより速い。だから、群れのうしろのほうにいたシマウマたちは、だんだんと群れの先頭に近づいていく。そして、先頭に到達すると、そのシマウマは消えてしまう。そう、消えてしまうのだ。

「群れ」に加わるシマウマ！

先頭に達したシマウマが次々と消えてしまえば、群れはやがて消滅してしまうはずだ。だが、そうはならない。これまた奇妙なことに、群れの最後尾から、新たなシマウマがどんどん現れてくるからだ。こうして、群れの規模や形は維持される。

この群れの後には、同じような群れがいくつもつながっている。シマウマたちは時速40キロメートルで走っているのに、いくつもの群れが、それより遅い時速20キロメートルで連なって進んでいるのだ。

このたとえ話では、シマウマの走る速さが深水波の位相速度に相当する。つまり、水面の山と谷が進む速度だ。一方、シマウマの群れの進むスピードが、深水波の群れが進む群速度に対応している。

あっ、シマウマの群れが我が家に近づいてくる。まさか、家に突っ込んでくることはあるまいな。どれくらいの速さでシマウマは近づいてきているんだろう。——こんな状況に陥《おちい》ったとき、注目すべきは位相速度か、あるいは群速度か？

いうまでもなく、答えは群速度だ。個々のシマウマがどれだけの速さで走っているかではなく、その群れがいつ我が家に到達するのかが問題だからだ。

台風で生じたうねりも、同じこと。うねりが来るというのは、〝うねりの一団〟がやってくるということだ。それは、位相速度より遅い群速度で進んでくる。

謎解きのカギは「振幅」が握っている

シマウマのたとえ話を念頭におきながら、波としての説明に入っていこう。

まず、波長がすこし違う波がふたつ重なると、どういうことが起きるか。これが、群速度と深く関係している。

まえに、波は、重ね合わせができる性質をもっていると説明した。ふたつの波がぶつかって山と山が重なれば、足しあわせた高さの山が出現する。山と谷が重なれば、起伏はプラスマイナス

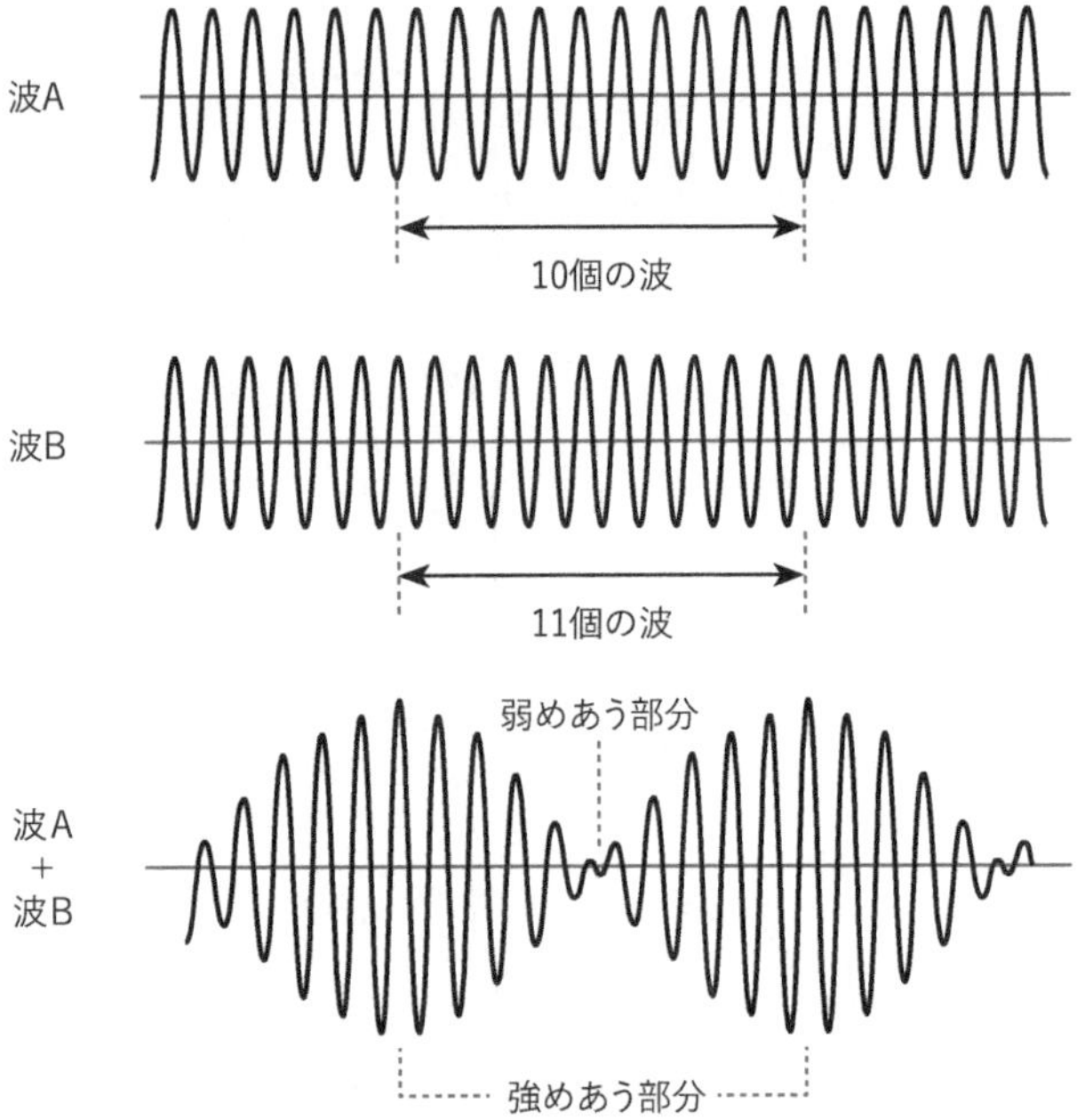

3-11 わずかに波長が違う波の重ね合わせ　わずかに波長が違う2つの波を重ね合わせると、山と谷の位置が少しずれて、波を強めあう部分と弱めあう部分が交互に現れる。

で相殺される。

いま、波長のすこし違う波Aと波Bが、同じ方向に進んでいるとしよう（図3－11）。話を簡単にするため、振幅は同じとする。

波Aの山と波Bの山が一致している場所では、重ね合わされた波の振幅は2倍になっている。ふたつの波の波長は違うので、この山の隣の山では波Aと波Bの山は一致せず、すこしずれている。だから、足しあわされた山の高さは2倍にはならない。その隣はさらにずれているので、山はもうすこし低くなる。合成された波の山の高さは、もとの波の2倍が最大で、そこから離れるにしたがって山は低くなっていく。

　このずれが増していくと、やがて波Aの山と波Bの谷が重なるときがくる。ふたつの波の振幅は同じだから、合成された波の振幅はゼロになる。つまり、このとき山も谷もなくなる。波Aと波Bは、そこでも存在しているはずなのに、合成された波は、見かけのうえでは消滅しているのだ。これが、先ほどのシマウマの消滅と関係している。

　だが、そこを過ぎると、もう完全に打ち消し合うことはなく、またすこしずつ山は高く、谷は低くなっていく。そしてまた波Aと波Bの山がぴったり重なるとき、合成された波の山の高さは最大に、谷の深さも最大になる。

　重ね合わされた波の振幅については、これで一巡りしたことになる。波Aと波Bの山と谷がいくつもいくつも、すこしずつずれながら重ね合わされ、また山と山がぴったり合ってもとにもどる。合成された波は、山と谷を繰り返しながら、その振幅をゆるやかに増減させている。

　先ほどから「波の群れ」といってきたのは、振幅がしだいに大きくなってまた消えてしまう、このひとまとまりのことだ。この波の群れを、専門用語では「波束《はそく》」という。まさに波の束《たば》だ。

お寺の鐘の「余韻」に注目せよ

注意しておきたいのは、群れのなかに見えている波は、波Aと波Bの2種類ではなく、AとBが重なり合ってできた波Cである点だ。波Aと波Bの波長の違いはわずかだから、波Cの波長も両者とほとんど同じ。波長の面からは、重ね合わされるまえの波Aや波Bと、波Cとは、まず区別がつかない。違うのは、その振幅だ。波Aと波Bの振幅はつねに一定だったが、波Cの振幅は、ゆるやかに増減を繰り返す。

音波の場合、波の振幅は音の強さを表す。お寺の鐘をつくと、ゴーンと長く響きながら徐々に音が弱まっていく鐘もあれば、グオーンオーンオーンと脈をうつ鐘もある。脈をうつ鐘の場合、たとえば音の高さが440ヘルツの「ラ」であったとしても、鐘がすこしゆがんでいたりすることで「ラ」とはわずかにずれた音も発生している。それらふたつの音波が合成された波の振幅が、先ほどの説明のように大きくなったり小さくなったりを繰り返しているのだ。

この現象を「うなり」とよぶ。「うなり」は、本来は音に対して使われる言葉だが、その類推から、音波以外の波についてもしばしば使われる。

音が強くなったり弱くなったりを繰り返す頻度は、重なり合う音波の振動数の差になる。440ヘルツの波に442ヘルツの波が重なっていれば、「うなり」の振動数は2ヘルツ。1秒間に2

回の「オーン」が聞こえる。１秒間で「オーンオーン」だ。

差がもっと小さくて４４０ヘルツと４４０・５ヘルツだったら、「うなり」は０・５ヘルツ。２秒間に１回の「オーン」になる。この場合、「うなり」の振動数は、音波そのものの振動数より、はるかに小さい。だから、基本の音としては「ラ」が聞こえ、その強弱がゆっくり「オーンオーン」とくる。

ここでの説明は、ふたつの波の波長や振動数がきわめて近いことを前提にしている。もし、ふたつの波で波長や振動数が離れていたら、どうなるか？

いまの「うなり」の例でわかるように、振動数が近ければ「オーン」の繰り返しはとてもゆっくりなので、ひとつの「オーン」のなかに音波の山と谷がたくさん含まれている。おなじみの「うなり」だ。

振動数が離れていくと、「オーン」に含まれる山と谷の数が減っていき、やがては、たんに波長の長い波に波長の短い細かな波が重なっているだけになる。こうなると、「うなり」という現象のおもしろみは、なくなってしまう。この先も、重ね合わされるふたつの波の波長はほとんど同じという前提で話を進めよう。

群速度＝「エネルギーが伝わる速さ」

水面を伝わる深水波の場合も、音波における「うなり」と同じ現象が起きている。たとえば、波長100メートルの波と99メートルの波が同じ方向に進んでいくとき、山と山は強めあい、山と谷は弱めあう。強めあい、弱めあう山／谷の位置はすこしずつずれていき、波長100メートルよりもはるかに長いスケールで、合成された波の振幅が大きくなったり小さくなったりを繰り返す。グオーンオーンオーンと脈うつ鐘と同じだ。

音の「うなり」と深水波とで大きく違うのは、音波には分散性がないのに対し、深水波には分散性がある点だ。音波のような分散性のない波では、位相速度と群速度は一致する。つまり、個々の波と、合成された波の振幅の変化、すなわち「うなり」とは同じスピードで進む。なぜか？

分散性のない波は、波長が違っても波の進む速さは同じ。わずかに波長の違う波を重ね合わせて「うなり」ができても、もとのふたつの波は同じ速さで進むので、群速度は別のものにはなりようがない。一方、深水波には分散性があって、先ほど述べたとおり、群速度は位相速度の半分になる（図3－12）。

わずかに波長が違うふたつの深水波が重ね合わされると、振幅がゆったりと増減する新たな波となる。この点は、音波と変わらない。波のようすが異なるのは、次の点だ。

振幅がゼロからしだいに大きくなり、また小さくなってゼロにもどるそのひとかたまりのなかで、個々の波は前方に進んでいく。シマウマの群れで説明したように、波は群れの先端に到達したところで消滅し、後端からは新たな波が生まれる。音波では、音波そのものが進むスピードと「うなり」が進むスピードは同じだから、このようなことは起きず、群れのなかにある個々の波が入れ替わることもない。

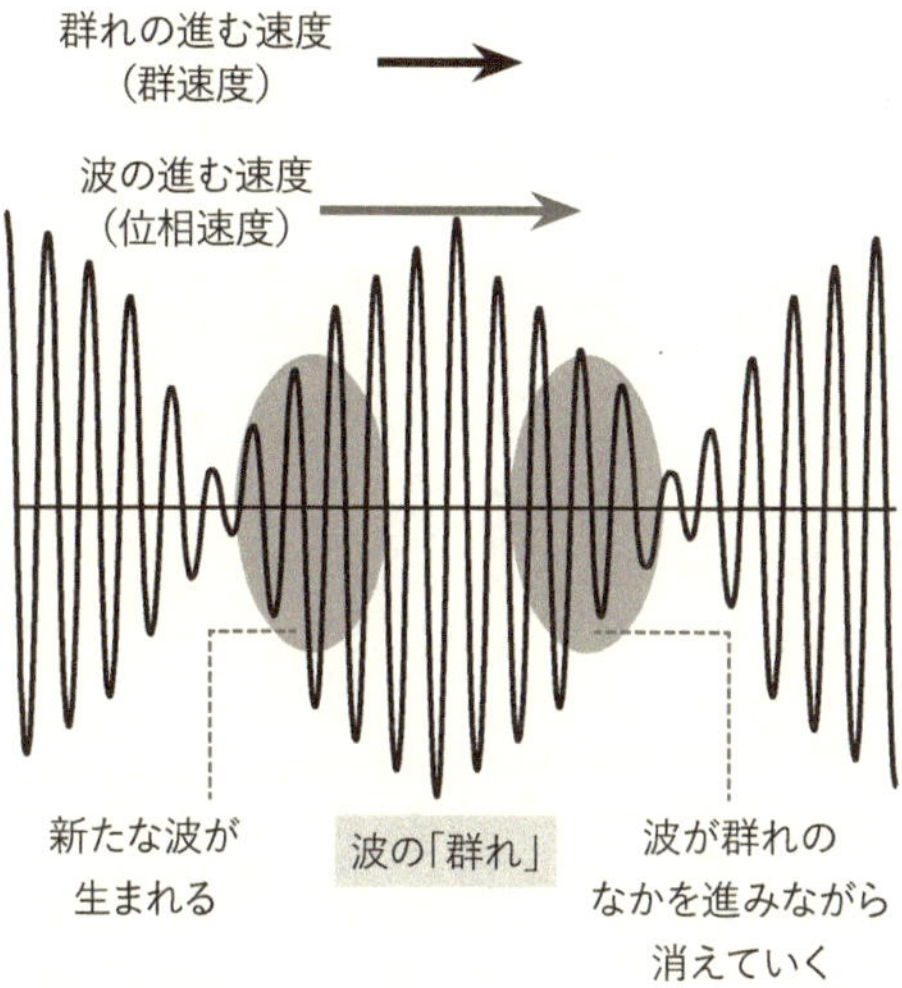

3-12 波と「群れ」の関係　深水波の場合、群れが進む「群速度」は、波が進む「位相速度」の半分。波は群れの後端で生まれて群れのなかを前方に進み、先端で消えていく。

「波長が１００メートルのうねり」と「99メートルのうねり」から合成された「波長がほぼ１００メートルのうねり」の振幅は、計算によると、10キロメートルもの長いスケールで増減する。逆にいえば、うねりが存在するのは、後端から先端まで10キロメートルある群れのなかだけということだ。

後端からは新しいうねりが生まれ、先端に達して消えていく。そして、このうしろに別の群れが続く――。一見すると、波長100メートルの波が単独で伝わる場合と同じようだが、群れに分かれてやってくる点で、まったく違う現象になっているのだ。

波のエネルギーは「振幅の大きいところ」に集中しているので、この群れは波のエネルギーを運んでいるともいえる。すなわち、群速度は「波のエネルギーが伝わる速さ」でもある。遠い海上の台風が起こした波のエネルギーは、このようなうねりの群れとして伝わってくる。うねりのエネルギーが運ばれる速さは、個々のうねりが伝わる速さの半分なのだ。

実測された群速度――ハワイに届く南極からの便り

遠くの海で生まれたうねりが、波の進む速さではなく、波の「群れ」が進む別の速さでやってくる――。この事実は、感覚的にはどうにも理解しにくい。なにしろ、「波が進む速さの半分の速さで波がやってくる」というのだから。だが、実際に観測してみると、ほんとうにそうなっているのだ。

ニュージーランドの東側で発生し、アメリカのカリフォルニアまで太平洋を伝わったうねりを調べた例がある。ニュージーランドが位置する南緯40度付近は風が強く、海が荒れることで有名だ。緯度に応じて容貌を変えるその激しさを、「吠える40度」「狂う50度」「絶叫する60度」などと表現することもある。

南極に近いその海域で生まれた波が、遠く1万700キロメートルも離れたアメリカ西海岸まで伝わった。このうねりの周期は約15秒で、波長にして350メートル。これが255時間、つまり、10日をかけて太平洋を斜めに横切ったのだ。時速は、1万700割る255で42キロメートル。秒速では12メートルで、自動車くらいの速さだ。

もちろん、このうねりが伝わってくる海は波長の半分より深いので、波は深水波の性質をもっている。計算式は省くが、このときの位相速度、つまり個々のうねりが進む速さは秒速で約23メートル。この数値は、いま紹介した観測結果と一致しない。

一致するのは、うねりの群れが伝わってくる群速度のほうで、こちらは位相速度の半分の秒速約12メートル。ぴったりだ。

出発点のニュージーランド付近で観測された8メートルほどの波高は、カリフォルニアの近くでは2メートルほどまで衰えている。衰えているとはいっても、太平洋をひとまたぎするほどの長旅である。よくぞここまで衰えずに到達した、というほうが適当かもしれない。

うねりが海を渡るとき、この実例で見るように、じつはあまり衰えない。さざ波のような細かい波とは違って、水の内部の摩擦でエネルギーが失われることがさほどないからだ。うねりがエネルギーをすっかり失うのは、おもに岸に近づいて白く砕けるときだ。大海原では、道中で向かい風にあったり、波うつ範囲が広がってエネルギーが薄まったりすることはあるが、それでもうねりは地球規模の長旅をこなすことができる。

波が発生する海域では、さまざまな波長や進行方向の波がまじっているが、そこから波が抜け出て群れとして伝わるときは、うねりの向きも波長もだいたいそろっている。ハワイでサーファーたちが波乗りに興じるビッグウェーブのなかには、こうして南極近くの海からやってきたものもあるのだ。

＊

これまで、深水波が伝わる速さについて説明してきた。ここで一段落となる波の速さについて、簡単にまとめておこう。

波の進む速さには2種類ある。直感的にわかりやすいのは位相速度で、水面の山と谷が動いていくスピードのことだった。

これに負けず劣らず重要なのが、直感がおおいに裏切られる群速度。ある波長の波が遠くの海からやってくるとき、実際にはその波長からすこしずれた波もまじる。すると、それらの波が合成されて新しい波ができ、その新たな波は振幅が大きくなったり小さくなったりを繰り返す。こうしてできる波の群れの進む速さが群速度だ。

振幅が大きくなった部分には、波のエネルギーが集中している。群速度は、波のエネルギーが運ばれる速さでもあるのだ。

3-5 波の最期——砕けて終えるその生涯

波の高さが「微小」といえなくなると……？

これまでの説明で、大前提としていたことがあった。

波の振幅が小さいという仮定だ（68ページ参照）。この仮定を「微小振幅」の仮定という。海面が、とても静かに波うっているという感じ——こう仮定すると、複雑な形をした波でも、サイン・コサインの三角関数で表せる単純な形の波の足し算として考えてかまわない。だから、単純なサイン・コサイン形の波さえ理解しておけば、波の基本をおさえたことになる。このようにして、波の性質を説明してきた。

波は砕けて一生を終える。その瞬間を、「砕波《さいは》」という。

砕波を説明するために、微小振幅の仮定を外して「有限振幅」の波に触れておこう。有限振幅の波とは、微小ではなく、無視できない大きさの振幅をもつ波という意味だ。ふつう「有限」という言葉は、「大きさに限りがある」「あまり大きくない」という意味あいで使うが、科学用語としての「有限振幅」はその逆で、「小さくない」ことを意味している。砕波は、その有限振幅の波に現れる典型的な現象なのである。

波は、海岸に近づくと波高が高まってくる。水深が浅くなり、波のエネルギーが凝縮されてくるからだ。岸の近くまできた波は、現実には「微小振幅」ではなく「有限振幅」になっている。

有限振幅の波の形は、微小振幅のときとは違う。微小振幅のときは、波の山をひっくり返すとそのまま谷の形になるような、上下対称のサイン・コサイン形の波形だった。一方、振幅が大きい波では、山はとがり、谷は平たくなだらかになる。

実際に海を見ていると、沖からやってきたうねりが岸に近づくと、山がしだいにとがってくる。有限振幅の波に特有の形に変化するのだ。

微小振幅の仮定のもとでは、水の動きは、波の移動にともなって円を描く。だから、波が動いていっても、水は移動せずにその場でくるくる回るだけ。媒質である水は、あくまでその場にとどまっている。

しかし、波の振幅が大きくなると、この円運動が円運動でなくなる。円運動のうち、波の進行方向と同じ向きに水が動くときのほうが、反対向きに動くときよりも速くなる。そのため、1回転したときにもとの位置にはもどらず、波の進行方向にすこしずれる。つまり、水は波の進行方向に移動する。波が、水を運ぶようになるのだ。

波とともに水が移動する現象は、浜辺ではごくふつうに起きていて、海水浴を楽しむ人たちに思わぬ危険をもたらす。これについて説明しておこう。

海岸で危険な流れが生じる理由

沖合を進む海面の波は、それが風による波であっても津波であっても、だいたいは「微小振幅」の波としてあつかうことができる。微小振幅の波だと、波の進行にあわせてその下の水も動きはするが、その動きは円運動だったりたんなる往復運動だったりで、結局のところ「流れ」にはならない。水はその場にとどまり、波だけが進んでいく。

ところが、いまも説明したように、海岸の近くでは水そのものが移動する。流れができる。海水浴場になっている砂浜には、寄せては返す波だけでなく、ある決まった流れもできている。この流れが、ときに海水浴客を危険にさらすことになる。

「離岸流《りがんりゅう》」という言葉を聞いたことがあるだろうか？　読んで字のごとく、岸から離れて沖に向かう流れのことだ（図３－13）。

規模はさまざまだが、おおむね10～30メートルの幅で岸から数十～数百メートルくらい沖まで流れていく。寄せる波とともに岸全体に押しつけられるように移動してきた水が、このような狭い幅の流れとして沖にもどっていくのだ。

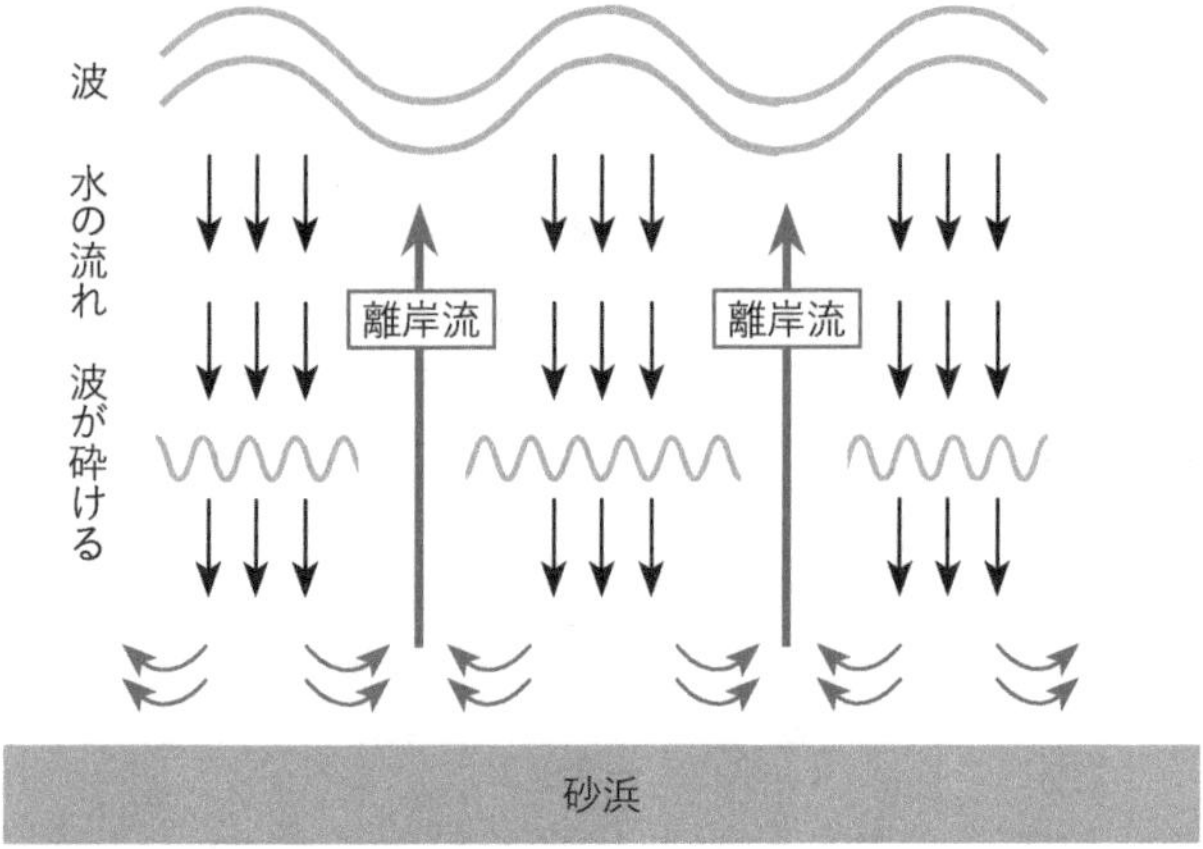

3-13 海岸にできる水の流れ（海浜流）

流速は、秒速2メートルくらいになることもある。秒速2メートルといえば、水泳選手の平泳ぎの速さに近い。つまり、ふつうの人がこの流れに逆らって泳ごうとしても、沖に向かって流されるだけだ。日本の海水浴場で人がおぼれる事故のうち、半分以上がこの離岸流によるものだとされている。

浜辺では、波とともに沖から水が押し寄せ、岸に沿って流れたのちに、離岸流として沖に出ていく。海岸にできるこのような流れを「海浜流《かいひん》」という。寄せては返す波は、そのたびごとに複雑な水の流れをつくりだすが、一定時間の平均をとると、図3－13に示すようなパターンができている。

離岸流に巻き込まれたら

離岸流はスピードが速く、きわめて危険な流れだ。まずは、遊泳中に巻き込まれないようにすることが最重要だ。波の物理の知識を活かして、どう注意するか？

沖から海水がやってくるところでは、まず波が砕け、そこから手前の波打ち際に水が押し寄せる。だから、沖から岸に向かう流れがあるところでは、どこかで波が白く砕けている。左右両隣では波頭が砕けて白くなっているのに、そこだけは不自然に白波が途切れて砕波していない部分があれば要注意だ（写真3－A）。

3-A　典型的な離岸流　両サイドに写っている波の砕けた部分から手前に流れが押し寄せ、砕けた波のない中央部では沖に向かって離岸流が流れていく。波が砕けていないところは、離岸流の要注意箇所だ（Rob Brander〈scienceofthesurf.com〉提供）

　その場所は、沖から岸に向けて海水が流れているのではなく、そこから離岸流が沖に出ていっている可能性がある。白く砕ける波頭が途切れ、静かで安全な海面に見える地点こそ、離岸流が生じている疑いがあるのだ。

離岸流として沖に向かう水は、岸に沿って左右から集まってくる。だから、波打ち際で遊んでいて「横に流されている」と感じたら、その先に離岸流がある可能性を疑ったほうがいい。自分で立てたビーチパラソルの真ん前で遊んでいたはずなのに、いつのまにかパラソルが遠くなっていた……。そんなときは、要注意だ。

もし岸がどんどん遠ざかっていくことに気づいたら、あなたは離岸流に巻き込まれているのかもしれない。このとき、必死に泳いで岸にもどろうとしても、離岸流のスピードに負けて岸に近づくことはできない。そのような場合には、どうすべきか?

岸に平行に、横方向へ泳ぐのだ。図3－13からわかるように、離岸流は、沖から岸に向かう流れにはさまれている。だから、離岸流のわきには、逆に岸に向かう流れがある可能性が高いのだ。また、離岸流のあるところでは、海底がえぐれて深くなっていることもあるが、横に泳いで離岸流から外れると、足が底につく可能性も高まる。

なにより、「危ない!」と思ったら、大声を出しながら手を大きく振ることだ。恥ずかしがってはいけない。声は、意外と遠くに届かない。手を振ることで、監視員の目にずっと留まりやすくなるという。

海岸の流れは複雑で、いつもここで説明したような単純なパターンになっているとはかぎらない。しかし、このような離岸流の性質は知っておいたほうがいい。海水浴を安全に楽しむための知恵のひとつなのだから。

3-B　うねりが岸に近づくと波高が高まり、白く砕波していく（米ロサンゼルス近郊のマンハッタンビーチで筆者撮影）

「波が砕ける」とは？

波の生涯の最期を考える本題にもどろう。

「波が砕ける」とは、いったいどういう状態を指すのだろうか？

振幅の小さい穏やかな波では、波の進行とともに水は円運動するが、水が海面から飛びだしていくことはない。水中で動くだけだ。ところが、波が高まって水の動きが激しくなると、海面では水の動く速さが波の移

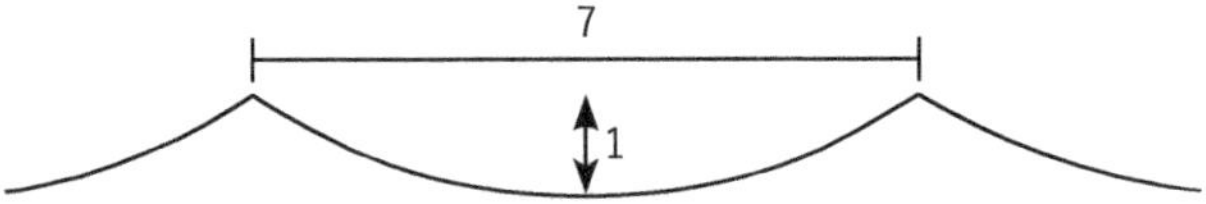

3-14 砕波しないでいられる限界の波　波長に対して波高がこれより高くなると、波は砕ける。振幅が大きくなってきているので、波の形はサイン・コサイン形ではなく、山がとがっている。

動速度を超えてしまい、水がしぶきとなって前方に飛びだすことがある(写真3-B)。

水の動きは、もともと波の山の近くで速いので、そのあたりで飛びだすことになる。波頭で崩れ、空気を巻き込んだり白いしぶきをまき散らしたりするのだ。こうして、水が水面から離れてしまう現象が「砕波」だ。

どれくらい波が高くなると波頭は崩れるのか? これは、理論的にも観測的にも確かめられていて、沖合では谷から山までの高さ、つまり波高が、波長の7分の1を超えると波は砕ける(図3-14)。よくある波長30メートルくらいの波であれば、波高は4メートルほどにしかなれない計算になる。それを超えると波は砕け、エネルギーを失ってしまうからだ。

沖合を進む波の説明では、波高があまり高くない「微小振幅」の仮定をしてきた。それが現実の海の波にかなりうまくあてはまるのは、波高があまり高くなると波が砕けてしまうからだ。砕けてエネルギーを失うため、風が吹いていても、それ以上は波が高くなれないのだ。

波の人生、最期もいろいろ

波には、いろいろな砕け方がある。

いま説明してきたような沖合の波では、横一列になって進んでいる波の山が風に吹かれてとがってきて、波頭が白く泡立つように崩れる砕け方が典型的だ。これは「崩れ波」とよばれる。

もうすこし海岸に近いところでは、「巻き波」という砕波もよく見られる（写真３－Ｃ上）。サーフィンの達人は、自分の背後から覆いかぶさってきそうな巨大な波に乗ることができる。沖から岸に向かってくる大きなうねりの前面に乗っているのだが、波頭から水が勢いよく前方に飛びだして、サーファーの頭上から巻き込みそうになる。その激しい波を巧みに利用する姿は、じつに格好いい。これが巻き波で、海底が急に浅くなって水の進行が急に遅くなり、波頭の水が勢いよく前方に投げだされる砕け方だ。

もうひとつは、砂浜に乗り上げてきた波がぐずぐずと崩れるタイプ。海水浴でおなじみの砕波だ。波高が高くなって崩れるというよりも、浜の斜面を駆け上がっているうちに波ではなくなってしまう感じ。浜に寄せるこの砕波は、「砕け寄せ波」といわれる（写真３－Ｃ下）。海水浴では、この砕け寄せ波で遊んでいるわけだ。

3-C 波のさまざまな砕け方　波の山が前方に巻き込まれるように崩れる「巻き波」（上＝©Stephen C. Whitesell ／アフロ ）。波打ち際でよく見かける「砕け寄せ波」（下＝©河西裕邦／アフロ）

3-6 静かな海にも大きな波が！

規則性を探せ

テレビで天気予報を見ていると、晴れや雨といった天気のほかに、「波の高さ」についても予報していることに気づく。

「関東では、波の高さが2メートルのところもあります。高い波に注意してください」

このとき、どれくらいの波が来ると覚悟すればよいのだろうか？

複雑な海の波を科学で攻略するには、ふたつの道があると第2章で説明した。ひとつは、できるだけ単純化して波の本質を抜きだす方法。水は伸び縮みしないとか、水の内部に生ずる摩擦は無視するとか、波の振幅が小さいとか……。このようにさまざまなことを仮定して、波をサイン・コサイン形の単純な波形として説明してきた。

ここでは、〝もうひとつの道〟を採用しよう。波を観測して、なんらかの規則性を見出す方法だ。「理屈ではじゅうぶんに説明できないにしても、波は実際にそうなっている」という考え方だ。

その際、もし統計学ですでに知られている規則性がうまい具合にあてはまればラッキーだ。波の性質を明らかにするために、これまでに蓄積された統計学の知識を利用できるからだ。なぜそのような規則性をもつのかを知りたければ、やはり、波が伝わるしくみにもどって考えなければならないが、たとえば、「どんな風速でどれくらいの波長の波が生まれるか」といった関係なら、実測されたデータから推定できる。

波の高さを実測してみたら規則性があり、それに対する理論的な説明もあるていどはつく。完全に理論的に説明できるわけではないが、実用的にはじゅうぶんに役立つ。これからする説明は、そういう話だ。

「天気予報の波」は実在しない!?

「関東では、波の高さが2メートルのところもあります。高い波に注意してください」

ここでの疑問は、こんな予報を聞いたときに、どれくらいの波が来ると覚悟すればいいか、というものだった。

意外に感じるかもしれないが、じつは、天気予報に出てくる「2メートルの高さの波」は、現実の波ではない。架空の波だ。いや、架空というのは言いすぎで、波の実測データを統計処理して出てきた統計上の波なのだ。どういうことか。

その理屈がわかれば、「波の高さは2メートル」といわれたら「4メートルくらいの高さの波を覚悟したほうがいいな」と思えるようになるはずだ。

統計処理といえば難しそうに聞こえるが、小学校で習う「平均をとる」という作業も立派な統計処理だ。３人の生徒に１００点満点の物理のテストをして、それぞれの得点が40点、50点、90点だったとする。３人の平均点は、全部を足して3で割ればよいから60点。これは、３人をひっくるめた得点の目安になる数字だが、実際に60点をとった生徒はひとりもいない。先ほどいった「架空の波」とは、そういう意味だ。

「波の高さは2メートル」とは？

さて、「波の高さが2メートル」とは、どのような状況だろうか。

海には、高い波もあれば低い波もある。高さが2メートルの波しかないということはありえない。となると、この「2メートル」という数字はなんだろう？　波の高さの「平均値」なのか、あるいは「最大値」なのか。

波の高さとは、波形の山と谷の高さの差のことだ（69ページ図2－7参照）。海の表面には複雑な形の波がたくさんできていて、その高さもさまざまだ。高い波が来たからといって、次も高いとはかぎらない。高かったり低かったり、いろいろな波高の波が来る。

この波の高さをある一定の時間にわたって測定し、記録した数値を高い順に並べたとする。このうち、高いほうから3分の1を選んで平均した波高を「有義波高《ゆうぎはこう》」という。この有義波高をもつ仮想的な波が「有義波」だ。波高の小さな波どころか、中くらいの波も無視して、上位3分の1というかなり高い波を選んで平均をとったものが有義波だ。気象庁が「波の高さ」というとき、それはつねに有義波高を指している。

そんな極端な平均のとり方をして、なんの意味があるのか？

こう考えてみよう。あなたが海を見ているとき、「いま波の高さは何メートルだと思うか」と訊《き》かれたら、どう答えるだろうか。目の前には、大きなうねりもあれば、そこに重なっているシワのような細かい波もある。その全部をひっくるめて、〝平均的な波の高さ〟を答えようとするだろうか。

たぶん、そうはしない。きっと、高い波のほうに目がいくだろう。じつは有義波は、波の観測に慣れている人の感覚に一致させた波なのだ。海をよく知る漁師さんが「きょうの波の高さは2メートルってとこだな」といえば、有義波高は2メートルになっているということだ。高い波にウエイトをかけて平均すると、感覚に一致するというわけだ。

有義波高で大切なのは、いくら高めの波を選んでいるとはいえ、あくまでも平均値だということだ。平均値だから、それより低い波もあれば高い波もある。先ほどの物理のテストで、3人の平均点は60点だったが、それより低い40点や50点の人も、はるかに高い90点の人もいた。
それと同じで、有義波高が2メートルと予報されるということは、それより高い波があるという意味だ。気象庁が「波の高さは2メートル」といったら、それは「2メートルよりずっと高い波が来ますよ」という意味だと理解しよう。

「おだやかな海」にも油断は禁物

ここまでの話が理解できると、次に知りたいのは、「どのような頻度で、どれくらい高い波が来るか?」ということだ。この疑問に対しても、波の科学は答えを用意してくれている。

海で波を見ていると、そこそこの高さの波がたくさんあって、それより高い波や低い波は少数であることに気づく。ある高さの波を中心に、それより高い波も低い波も少なくなる。これに、なにか規則性はないのか。たとえば、「平均的な波にくらべて2倍の高さの波は、その個数が3分の1になる」といった規則性が見つかれば、高い波が出現する危険性についての貴重な情報になる。

実際の海で、高い波や低い波がどれくらいの割合でまじっているかを計測してみると、そのまじり具合には規則性がある。統計学で有名な「レイリー分布」になっているのだ（図3－15）。

ここでいう「分布」とは、どのような測定値が何回出てくるか、そのデータの散らばり具合の

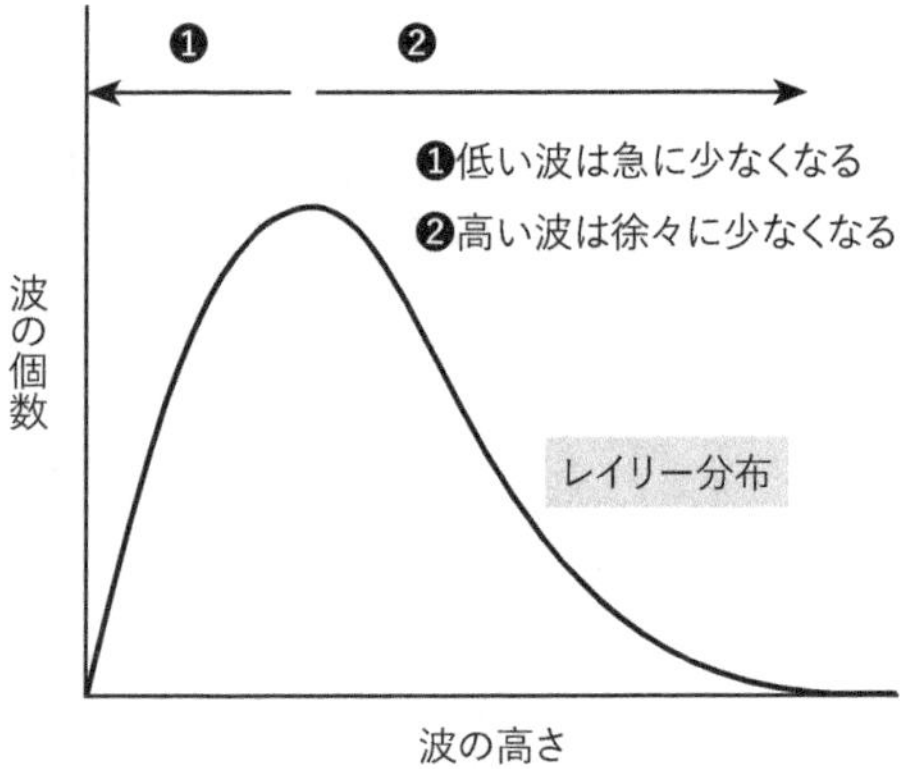

❶
❷
❶低い波は急に少なくなる
❷高い波は徐々に少なくなる
波の個数
レイリー分布
波の高さ

3-15 波の高さはレイリー分布 どれくらいの高さの波が何個やってくるかを数えてグラフにすると、統計学の「レイリー分布」になっている。

こと。ある波高の波を中心にして、低い波は急に少なくなるが、それにくらべて高い波のほうの減少のしかたがゆっくりなのがレイリー分布だ。波高の高い波は、少ないなりにもけっこうあるということを示している。

海の波の波高がなぜレイリー分布になるのかは、じつは、理論的に完全にわかっているわけではない。単純化した特殊なケースについては証明されているが、それは複雑な現実の波とはかなり異なる。それにもかかわらず、実測された波高はかなりレイリー分布に近い。

波の高さの散らばり具合がレイリー分布なのだとすれば、あとは統計学の計算だ。詳細は説明しないが、1000回に1回は、有義波高の1・85倍くらいの波がやってくる計算になる。

「1000回に1回」と聞くと、めったに来ない波のように思えるが、そうではない。かりに15秒に1回の波が来るとすれば、1分間で4回、1時間では240回の波がやってくる。4時間ほど浜辺で遊んでいれば、１０００回の波が到達することになるのだ。

すなわち、天気予報で「波の高さは2メートル」といっていれば、数時間に1回くらいは4メートル近い高波が来てもおかしくないということだ。海の波には、そういう性質がある。

岸から沖に突きだした突堤で釣りをしている人をよく見かける。もしあなたがそのような釣り人のひとりなら、突堤が波をかぶるとは思えないおだやかな海であっても、よくよく注意したほうがいい。とくに、突堤を歩いていて足元が濡れていたら、とても危険な兆候だ。波の高さに余裕があると思っても、何時間かのうちには倍の高さの波が来る。足元が濡れているのは、そのような波がついさっき突堤を洗った名残《なごり》かもしれないのだ――。

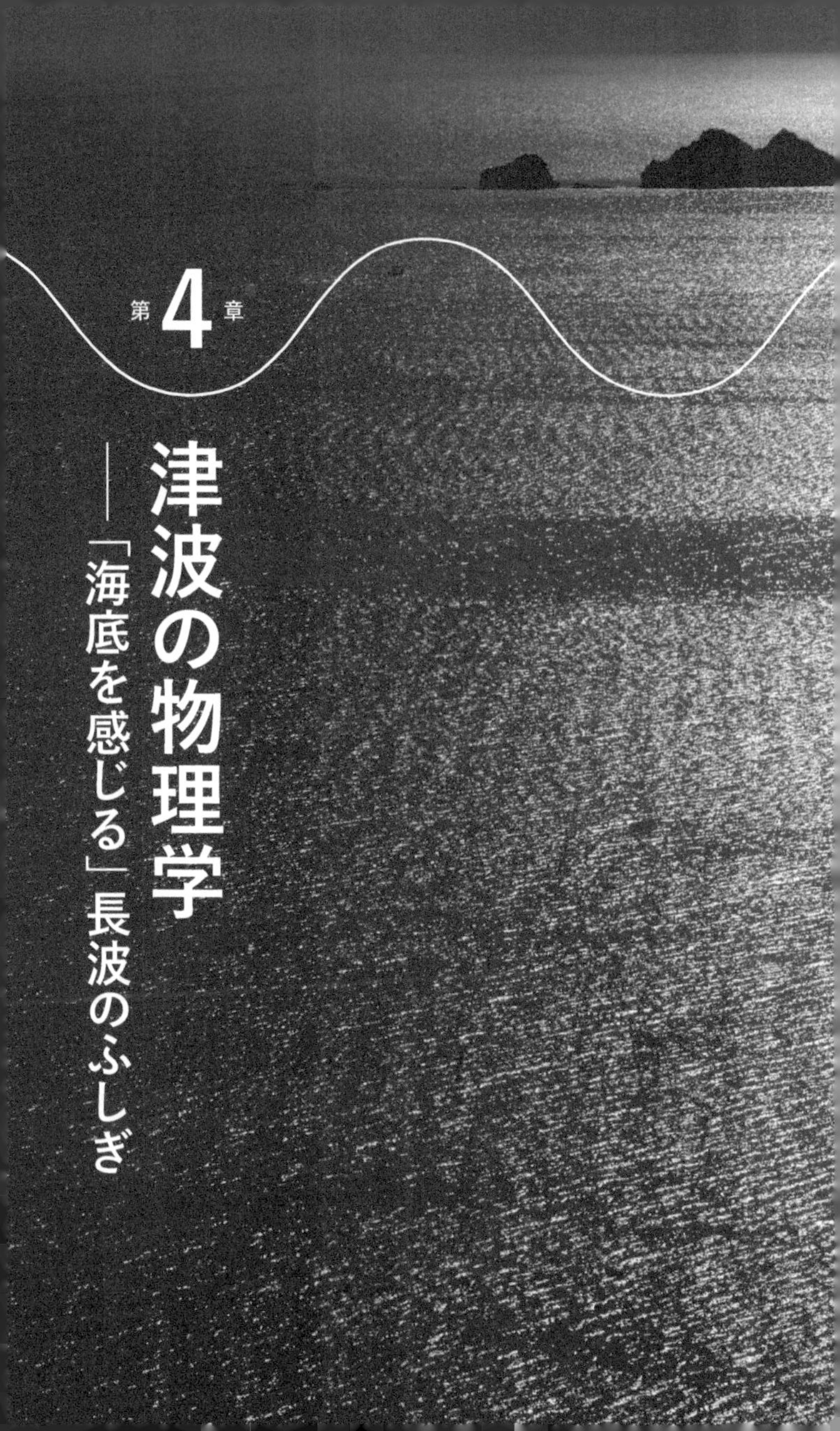

第4章

津波の物理学

——「海底を感じる」長波のふしぎ

4-1　三陸を襲った巨大津波の謎

本来は「ゆるやかな盛り上がり」なのだが

2011年3月11日の東日本大震災――。

東北地方太平洋沖地震で引き起こされたあの津波は、まだ沖を伝わっているうちから波の高さが尋常ではなかった。この地震の震源は、宮城県東方の太平洋の海底下。このあたりは大きな地震が過去に繰り返し発生していた場所であり、地震や津波を観測するための装置を大学などが海底に設置していた。そのため、計測の手法が異なるいくつもの装置で、津波の波形が生々しく記録された。

津波は、岸に近づいて水深が浅くなると波高が増すが、沖合ではそう高くはない。大きな津波でも、その波高は通常、せいぜい1メートルか2メートルだ。

一方、波長は100キロメートルにもおよぶ。100キロメートルといえば、東京からなら直線距離で茨城県水戸市や山梨県甲府市、静岡県沼津市までに相当する。大阪―名古屋間は140キロメートルくらい。

これほど長い距離をかけて盛り上がる水面の高さが、１メートルから２メートル程度なのだ。このきわめてゆるやかな盛り上がりに、風で起きる高さ何メートルかの波も重なっているのだから、たとえそこに船がいても、津波には気づかない。

中学生のころ、『ポセイドン・アドベンチャー』という映画を見た。大みそかの地中海を航海中の豪華客船・ポセイドン号が、大津波を受けて転覆してしまうパニック映画だ。仰ぎ見る高い壁のような津波が、まるで池に浮く木の葉のようにこの大型客船を巻き込んでしまう――。

だが、現実には、このようなことはありえない。かなりの大津波であっても、船は難なく乗り越えるはずだ。津波とは本来、それほどゆるやかな、海面の盛り上がりなのだ。

３分間の悲劇

ところが、東日本大震災の津波は、それまで考えられていた津波とはまったく異なるものだった。

たとえば、東京大学と東北大学のグループが、岩手県釜石市の沖合50キロメートルのあたりでとらえた波形がある（図４‐１）。通常の海水面から5メートルもの高さになる波が、その観測点を3分ほどかけて通過していることがわかる。津波の常識では考えられない高さだ。

この波のスピードは秒速１１０メートル、時速にして４００キロメートル。この値から計算す

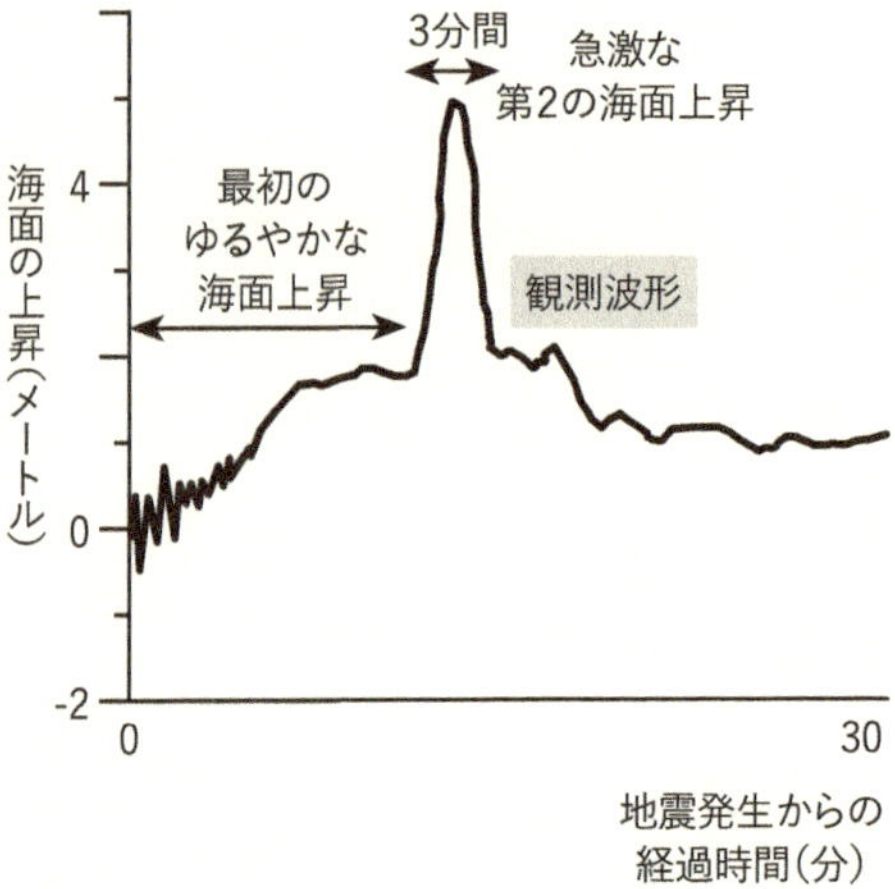

4-1 東日本大震災の津波波形 東京大学などのチームが岩手県釜石市の沖合で観測した津波波形。海面がまず2メートルくらい上昇し、地震発生から約11分後に、さらに3メートル急激に上昇している。

ると波長は20キロメートルあまりで、津波としてはかなり短い。東日本大震災の津波は、狭い領域に、高い波が凝縮された津波だったのだ。この3分間の津波が、歴史的な大惨事をもたらした。津波の波形が示す「3分間の悲劇」といってよいだろう。

この波形記録は、東日本大震災の津波がもつ「もうひとつの特徴」も示している。ふたつの津波が重なっているようなのだ。まず、2メートルくらいの波高まで10分ほどかけて高まる第一の津波がやってくる。この高まった状態のときに、先ほど述べた波長が短くて高い津波が来る。

じつは、遅れてきた津波の高さは最大で3メートルあまりなのだが、先行していた2メートルの津波に重なったために、合計で5メートルもの高さになったのだ。第2章で、ふたつの波が重なると、振幅はそれらの足し算で大きくなることを説明した。波のもつ基本的なこの性質が、東日本大震災の惨事を生んだともいえる。

津波はどのようにして生まれるのか

この特殊な波形は、どのような海底の変動で生じたのか？　地震学や海洋物理学の研究者たちが、そのしくみの解明に取り組んだ。それはすなわち、この東日本大震災を引き起こした巨大地震の姿を明らかにすることでもある。

その説明をするまえに、そもそも津波はどのようにして発生するのかをお話ししておこう。

津波は、海底の地形が大規模に、しかも急激に変化したときに発生する。海底が、たとえば差し渡し100キロメートルくらいの範囲で、3分くらいのあいだに数メートル隆起する。このような現象を引き起こす代表例が「地震」だ。

地震は、陸地や海底の岩盤がずれる現象だ。左右の手のひらを合わせてみよう。そして、寒いときにするように、そのまま手のひらをこすりあわせる。左右の手を岩盤だとすると、これが地震に相当する。両方の手のひらを境に、互いにズリッとずれる。

実際の地震の場合は、手のひらをこすりあわせるときとは違って、なんども行ったり来たりはしない。いちどだけズリッとずれるのが基本形だ。ずれたときに発生した振動が岩盤を伝わって地面に届き、わたしたちが感じる地震動になる。このとき、ずれる面積が大きいほど、そしてずれ幅が大きいほど、地震の規模は大きくなる。

津波を引き起こすのは、海で起きる地震だ。とくに警戒が必要なのは、「海溝型地震」とよばれるタイプだ。海溝は海底に走る深い溝で、東北地方の太平洋沖には、岸から200キロメートルほど離れたところを、日本列島に沿うように海溝が走っている。これが「日本海溝」だ。もっとも深いところは約8000メートル。富士山を2個沈めても、まだ足りない深さだ。2011年3月の巨大地震は、この海溝の近くで発生した。

ゆで卵の殻に〝ずれ〟が生じて

海溝は、深い海の底でじっとしているわけではなく、つねに活動している。「プレート」という言葉を聞いたことがあるだろうか。地震が起きると、新聞やテレビなどが「陸側のプレートの下に海のプレートが潜り込んでいて、地震が頻発する場所」などと説明する。海溝は、これらプレートどうしの境目なのだ。

新聞では、このプレートをしばしば「岩板《がんばん》」と説明している。国語辞典にはふつう、「岩盤」は載《の》っていても「岩板」は見当たらないが、この岩板という言葉は、プレートの実体をよく言い表している。地球の表面を覆う巨大な岩の板。ゆで卵でいえば殻にあたる部分。プレートは、その

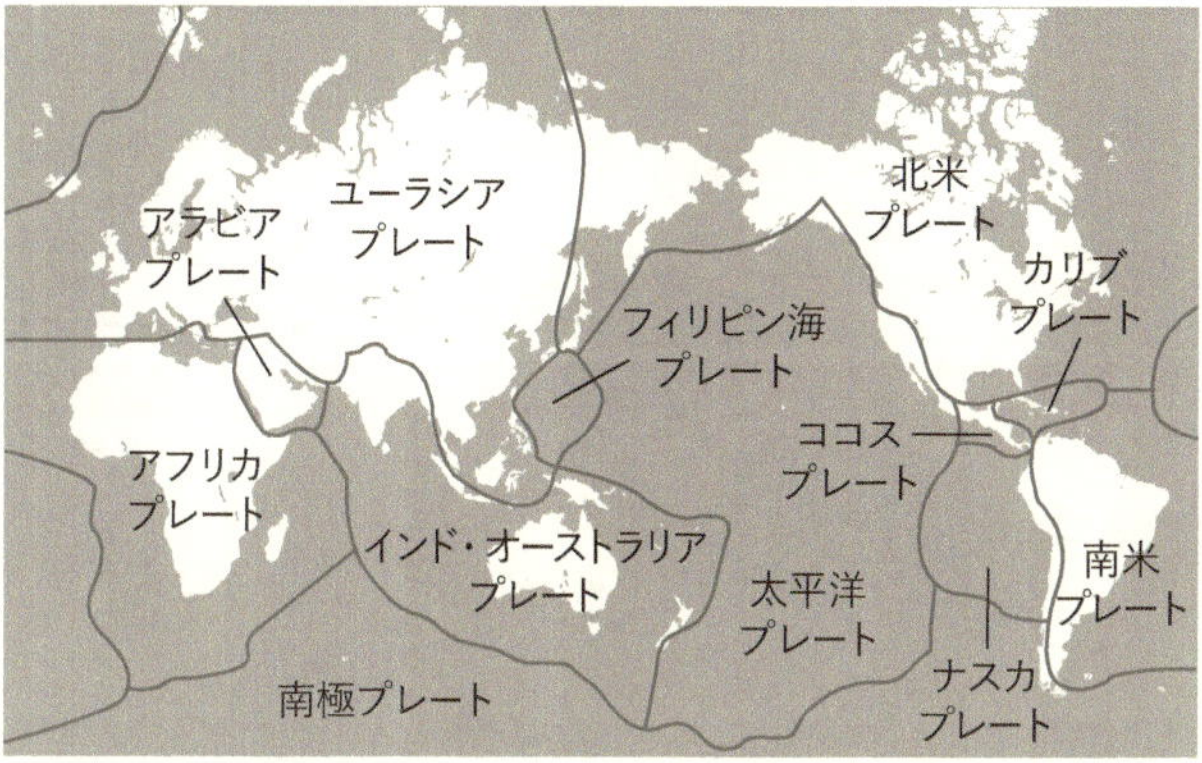

4-2 地球を覆うおもなプレート

ようなイメージだ。

地球の表面は、十数枚くらいのプレートに分かれている（図4-2）。ゆで卵の殻に、ひびが入っているわけだ。どれくらい細かいプレートまで独立したプレートと見なすかによって、この枚数は変わってくる。陸地も海底も、地球の表面であればすべてプレートだ。たとえば、ユーラシア大陸が載っているのは陸のプレートで、太平洋の底は海のプレートだ。これらのプレートが互いに押し合いへし合いしながら、たえず動いている。

日本海溝は、日本列島が載っている陸の「北米プレート」の下に、東から海の「太平洋プレート」、つまり太平洋の海底が潜り込んできている境目にできた海溝だ。太平洋プレートが西に進む速さは、1年間に10センチメートルほど。ゆっくりではあるが、つねに潜り込み続けている。海溝はいつも活動しているといった

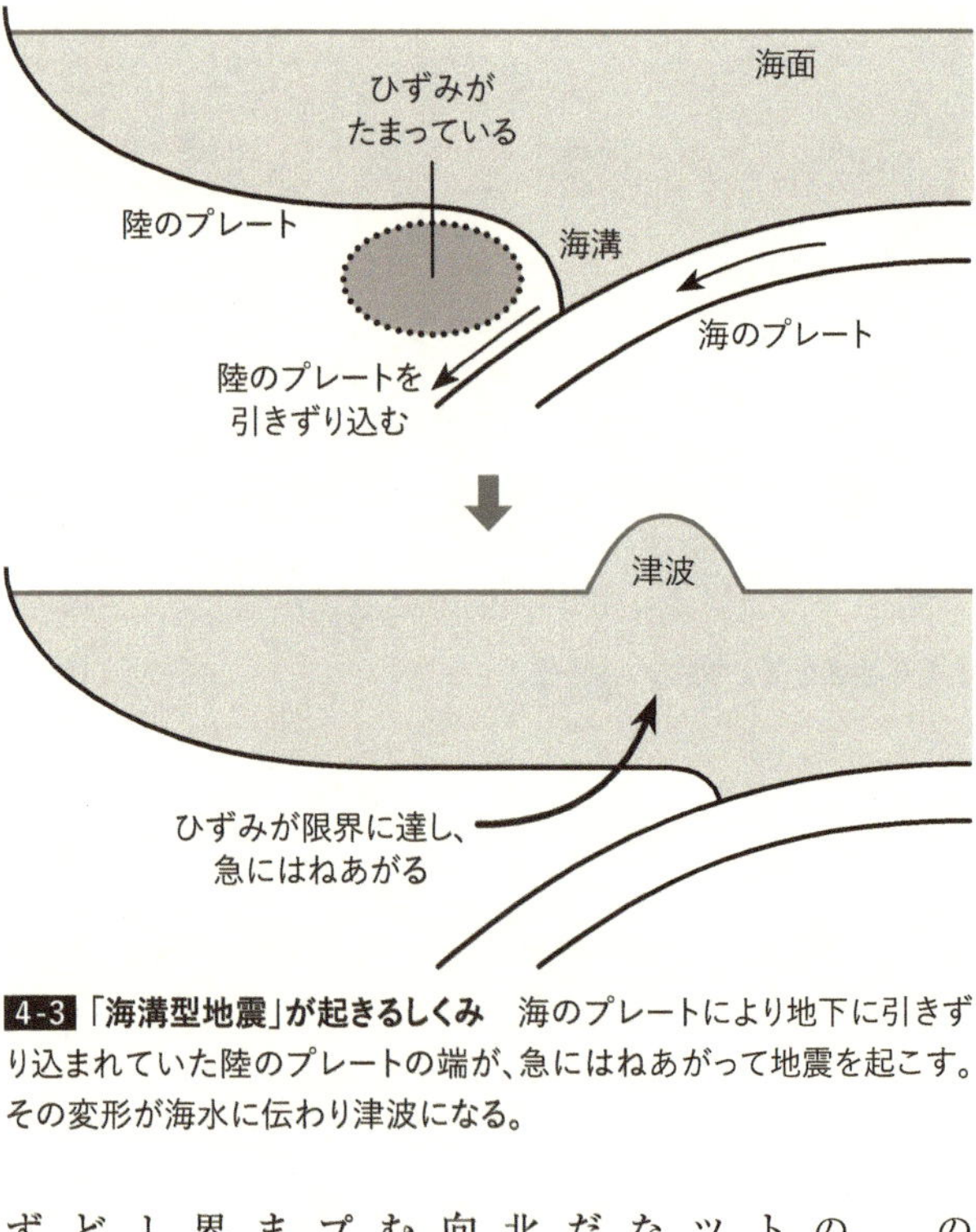

4-3 「海溝型地震」が起きるしくみ　海のプレートにより地下に引きずり込まれていた陸のプレートの端が、急にはねあがって地震を起こす。その変形が海水に伝わり津波になる。

のは、この意味だ。

陸側の北米プレートと、その下に潜り込む太平洋プレートが接している境界は、ツルツルすべらかというわけではない。むしろ、すべりが悪い。だから、太平洋プレートは、北米プレートの下面を深い方向にすこしずつ引きずり込む。引きずり込まれ続けると、プレート内に「ひずみ」がたまってくる。このひずみが限界にきたところで、北米プレートは一気にずれてもとにもどろうとする。ズリズリッとずれてもとにもどるこの現象が「海溝型地震」だ（図４－３）。

東北地方太平洋沖地震の震源は、太平洋に突き出た宮城県の牡鹿《おしか》半島から東南東に１３０キロメートルの地点だった。深さは24キロメートル。ここからはじまった〝ずれ〟は、北は岩手県沖から南は茨城県沖までの広範囲にわたり、３分ほどかけて広がった。ずれた領域は、南北に４５０キロメートル、東西に１５０キロメートルにもおよぶ。ずれ幅は、最大で30メートルに達したと考えられている。どこがどれだけずれたかという点については、研究者によって見方に違いがあり、はっきりしていない。

このずれにより、海水に接している海底も変形した。津波に深く関係する海底の隆起については、４メートルから5メートルといった観測結果が報告されている。

なぜふたつの津波が重なったのか？

海底が大きく隆起したり沈降したりすると、その上にある海水が持ち上げられたり引っぱり込まれたりすることで、海面が変形する。海面に、大規模な山や谷の形ができるのだ。この変形が波として伝わっていくのが「津波」だ。こうして発生した津波が沿岸に押し寄せ、波高が高くなって被害をおよぼす。一般的な津波の詳しい説明は後にして、ここでは東日本大震災の津波について、もうすこし話を進めよう。

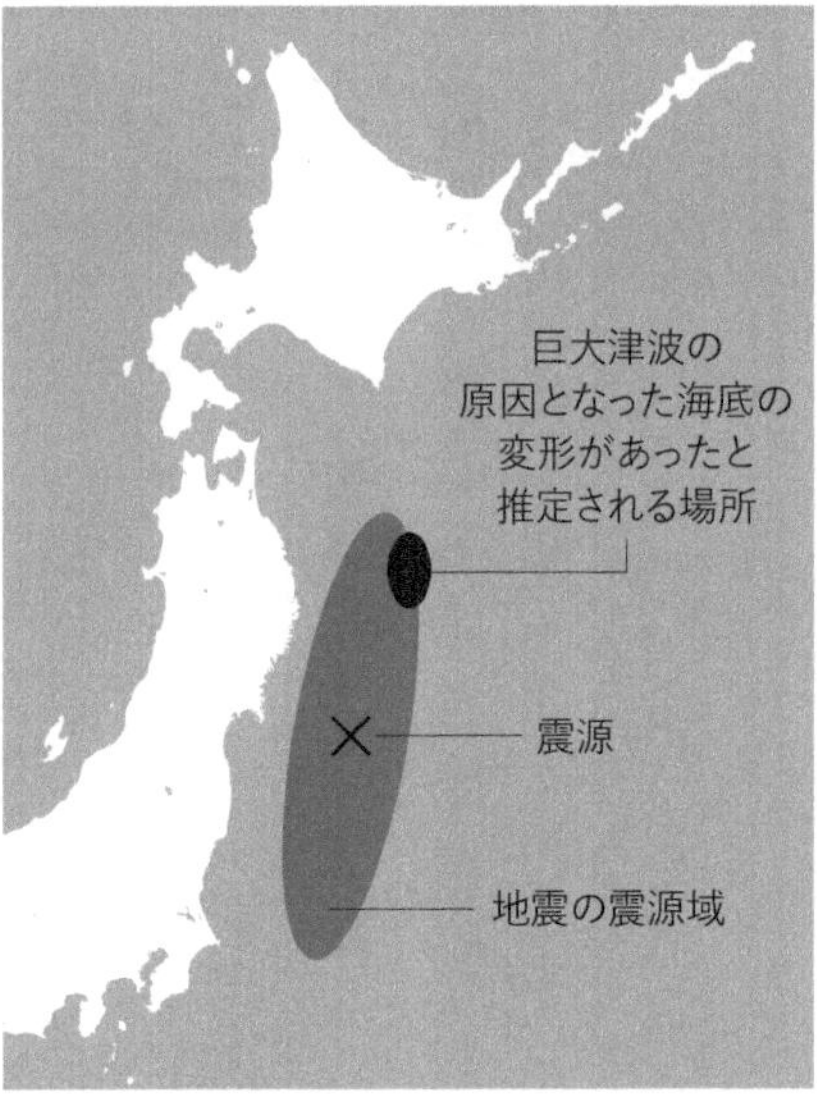

4-4 巨大な津波をもたらした海底の変形 最初の地震が始まってまもなく起きた第二の海底の変形が巨大津波を生んだと考えられている。

先ほど、観測された波形を見るかぎり、東日本大震災の津波は、ふたつの津波が重なって巨大化したらしいと説明した。どうすれば、このような津波になるのか。その原因を探る論文が、震災の直後からいくつも公表されている。

津波は、海底の変形が引き起こす。だから、さまざまな海底の変形を想定し、そのときどのような津波が発生するかをコンピュータで計算する。もちろん、陸上での地震観測などから判明している地盤の「ずれ」と矛盾するような海底の変形は、想定してはいけない。その点を考慮しつつ、津波の観測から得られた波形を再現できるような海底の変形を見つけるのだ。

その結果、わかってきたのは、海底の変形はやはり2回起きていたということだ（図4－4）。

最初の変形は、北海道から九州まで日本列島の全体を揺らした巨大な地震。次の変形は、この最初の地震の発生から1~2分後で、最初の地震による海底下の「ずれ」がまだ拡大しつつあった時点で生じている。変形した場所は、最初の変形エリアからすこし東に離れた海底だった。規模は最初の地震ほどではないものの、この2回めの変形が、きわめて高い津波をつくりだしたとみられている。これが「3分間の悲劇」の正体だ。

過去にも同じ震源域で

2回めの海底変形と同じ場所で、過去にも地震が起きていた可能性がある。1896年（明治29年）の6月15日。端午の節句を祝ったこの旧暦5月5日の午後7時半ごろ、三陸地方で地震が発生した。震度は2か3程度だったと推定されている。大地震という感じではなく、「あれっ、ちょっと揺れているな」というくらいだっただろう。その震源域が、今回の「3分間の悲劇」を生んだ海底と同じ場所だったとみられているのだ。

ちなみに、「震度」とは、その場所での揺れの大きさのこと。気象庁が震度計で自動計測し、震度0から震度7までの10段階で発表している。震度5と震度6は、「震度5弱」「震度6強」という具合に、それぞれ「弱」と「強」の2段階に分かれている。一般に、震源に近い地域は大きく揺れるので震度の数値が大きく、遠いと揺れが小さいので震度は小さい。

これに対して、「マグニチュード」は地震そのものの規模を表す数値だ。だから、地点によって数値の異なる震度とは違い、1回の地震について、ただひとつだけ決まる。東日本大震災を引き起こした東北地方太平洋沖地震の規模はマグニチュード9・0。このひとつの地震が、宮城県の震度7から九州などの震度1まで、さまざまな震度で全国を揺らした。

マグニチュードの決め方には、さまざまな方法がある。地面の揺れから計算する方法、地盤のずれの量から計算する方法などだ。したがってマグニチュードは、計算方法の違いや計算に使っている地震計の違いなどで、発表機関によってすこし違っていることがある。世界的には、ずれた地盤の面積とずれの大きさから求める「モーメント・マグニチュード」が標準になっている。

気象庁は、いろいろなタイプの地震計の計測値や地震が起きた地点から地震計までの距離などを複合的に考慮して、速報に有利な独自の「気象庁マグニチュード」として発表している。この方法は、マグニチュード9クラスの巨大地震に対しては精度が落ちるため、東日本大震災のときには、マグニチュードが実態よりも小さく発表された。

明治29年の地震にもどろう。この地震は、岩盤のずれがゆっくりだったため、揺れはさほどでもなかった。ただし、岩盤のずれ自体は大きかったために、津波が大きかった。地震から30分くらい経過したあとに、岩手県、宮城県、青森県などの各地に15メートルもの高さになる津波が押し寄せた。海面から40メートル近くの高さまで水が遡《さかのぼ》ったという記録も残されている。地震の揺れによる被害はなかったが、津波による死者は2万2000人にものぼった。

地震は、プレートの動きによってたまっていた岩盤のひずみが、一気に解放されてもとにもどる現象だ。したがって、いちど地震が起きると、またそこからひずみの蓄積がスタートする。ひずみがたまって限界に達すると、再度、同じように岩盤がずれる。だから、同じところで同じような地震が繰り返し発生するのだ。過去に大津波があったところでは、ふたたびよく似た大津波が起きる可能性が高い。

4-2　津波を科学する考え方

津波の高さ、どう測る？

ときに大惨事をもたらす津波。津波は、物理的にはどのような性質をもった波なのだろうか――第3章で説明した「深水波」となにが違うのか？　津波はなぜ、沿岸に近づくと巨大化するのか？　それらの疑問について、これからお話ししていきたい。

謎解きをはじめるまえに、まずは津波の「高さ」を表す言葉についてまとめておこう。

津波の高さに関係する言葉は、「津波の高さ」「遡上高《そじょうこう》」「痕跡高《こんせきこう》」「浸水深」といろいろある。

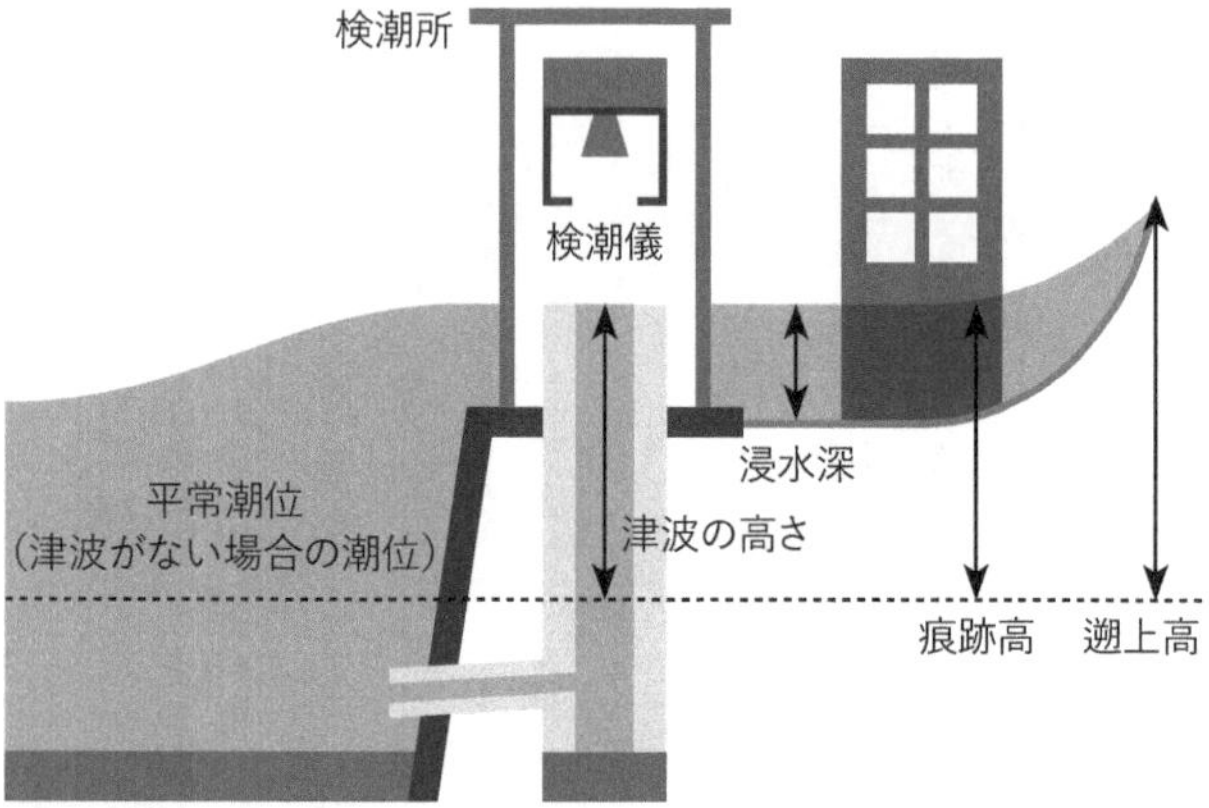

4-5 **津波の高さを表す言葉**（気象庁ホームページを参考に作成）

順に説明していこう（図4－5）。

まず「津波の高さ」。これは、海岸線に押し寄せた津波の水位が、津波がないときの平均的な水位にくらべてどれくらい高いかを示す数値だ。簡単に測れるような気がするが、よく考えてみると、事はそう単純ではない。海面の波には、当然ながら風が起こす波や潮の満ち干などが重なっているので、そこから津波の寄与分だけをどうやって取りだすか？　また、海面はつねに揺れ動いているが、津波の高さはどのような水面から測ればよいのか？

津波の水位は、津波専用の装置で計測するのではなく、潮の満ち干を観測する「検潮所」の観測データを使うのが標準的だ。よく使われる測器が「検潮儀」で、海水を導き入れた井戸の水位を自動計測する。

井戸といっても、地中に深く掘ったほんとうの井戸ではない。底は閉じられていて、パイプで外の海とつながっているため、井戸の水位は海面の水位と同じになる。しかも、風が起こした波は井戸のなかまでは入ってこないので、潮の満ち干や津波のようなゆるやかな水位変化をおもに記録できる。

基準点は？

津波が来たときの水位は、検潮儀によって記録することができる。

しかし、同じ水位が記録されていても、そのとき潮が満ちていたか引いていたかで、津波による〝正味の増し分〟は違ってくる。潮が満ちているときに来た津波なら、観測された水位には、潮の分のゲタがはかされているからだ。津波の高さを正確に知るためには、そのゲタを取り除く必要がある。観測の結果を「津波の高さは1メートル」という具合に数値で示すには、基準となる高さ、つまり、そのときのゼロメートルの水面を定めなければならない。

津波の高さは、「平常潮位」をゼロメートルにして示す。海面は、潮の満ち干によって高くなったり低くなったりしている。これに、風が起こす波が重なったものが、実際の水位だ。「潮位」とは、その水位から「風の波の分」を取り除いたもの。潮の満ち干のみによる水位のことを指している。

狭い日本といえども、潮の満ち干でどこでも同じだけ水位が変化するわけではない。地形などの影響で、場所によって違いが出る。そこで、その場所でこれまで観測された潮位のデータをもとに、平常時の潮位を計算する。これが「平常潮位」だ。

「津波の高さ」は、この平常潮位を基準にする。津波が来たときに検潮所で測った水位が、その場所のそのときの平常潮位からどれだけ余分に高くなったか。「津波の高さ」は、このようにして求める。

検潮所は全国のあちこちに設置されているので、検潮儀の測定能力を超えた大津波でないかぎり、いつ津波が来ても水位を測ることができる。これに対し、研究目的で、ある特定の場所に設置していた装置が、たまたま津波による水位の変化をとらえることがある。148ページ図4－1で紹介した東日本大震災の津波波形がその例で、海底に設置した水圧計が記録したものだ。

水の重さは1立方センチメートルあたり1グラム。1辺が1センチメートルのサイコロの体積が1立方センチメートルだから、このサイコロが1グラムだと思えば水と同じになる。これが10個積み重なると、底面にかかる重さは10グラム。100個になると、全体の重さは100グラムになって、高さは1メートル。だから、波が1メートル高くなると、その下の水圧は1平方センチメートルあたり100グラムだけ高まる。

津波が通るとき、その真下の海底に設置した水圧計は、波の高さの分だけ高い圧力を記録する。潮の満ち干による水位変化も重なって記録されているので、データ処理でこれを取り除くことで、津波による水位の変化を割り出すのだ。

ちょっとややこしいのは、「津波の高さ」が、ふつうにいう「波の高さ」とは違う点だ。「波の高さ」は、波うつ水面の谷の底から測って山の頂上がどれだけ高いかという数値だった（69ページ図２－７参照）。「津波の高さ」はそうではない。津波がないときの潮位から山の頂点までを測った高さだ。谷から測っているのではない点に注意しよう。

どこまで到達したか

「津波の高さ」に次いでよく目にするのが「遡上高」だろう。

「津波の高さ」は、検潮所がある海岸線での値だ。「遡上高」のほうは、まさに「遡る」という漢字が示すとおり、海から陸にはいあがった津波がどの高さまで達したかを、平常潮位から測ったものをいう。

遡上高は通常、津波のあとで浸水の痕跡などを調査し、たとえば海の漂流物が木の枝に引っかかっていたというような事例から求める。東日本大震災の津波を調査した大学などの合同調査チームの報告によれば、岩手県宮古市での遡上高は40・４メートルに達したという。

津波が陸をはいあがって到達した高さである「遡上高」に対し、「痕跡高」は、その途中にある建物についた水の跡などの平常潮位からの高さを指している。「浸水高」ということもある。同じ建物についた水の跡でも、平常潮位からではなく、その場所の地面からの高さを測ったものが「浸水深」だ。ちょっとまぎらわしいので混同しないように。

津波の実態を表すために、このようにたくさんの「高さ」が使われている。ただ、新聞やテレビなどのマスメディアで使われるのは、「津波の高さ」と、せいぜい「遡上高」まで。いずれも、津波がないときの潮位から測った高さだ。「津波の高さ」は海岸線での最高水位で、「遡上高」は陸をはいあがった津波の最高到達地点。それだけ覚えておけばじゅうぶんだろう。

二段階に分けて分析する

これからいよいよ、津波がどういう波なのか、その物理的な性質を見ていく。

津波は、沖合で起きた地震などで海底が急に変形し、それに押されたり引きずり込まれたりしてできた水面の山や谷が、波として伝わるものだ。海岸に近づいて水深が浅くなると、ゆるやかだった水面の起伏が切り立ってきて、波は急激に高くなる（図4－6）。

そこで、ここからの説明では、津波の状態を大きくふたつに分けて考えよう。最初は、沖合を伝わっているときの話。津波はよく、ジェット機なみのスピードで伝わるといわれる。その段階にある津波の話だ。次に、海岸に近づいた津波が、どのように姿を変えていくかという話をしよう。

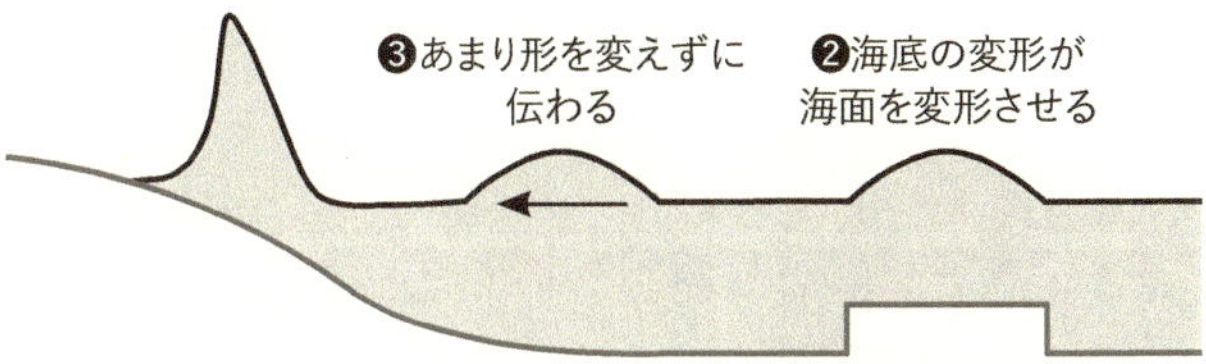
❹水深が浅くなると、
急激に高くなる
❶地震などで海底が
急に変形する

4-6 津波の発生と岸への到達　津波は、あまり形を変えずに伝わり、岸に近づくと急激に高まる。

まずは、津波が沖合にあるときだ。津波の特徴は、なんといっても波長が長いこと。海底の変形のしかたはさまざまで、かぎりなく小さなスケールのものももちろん含まれる。たとえば、海底の斜面にあった岩が、なにかの拍子にごろっと転がったというようなケースがそれだ。しかし、現実に警戒すべき津波を引き起こす可能性がある海底の変形は、差し渡し数十キロメートル、あるいは100キロメートルを超えるような大きなスケールで隆起したり沈降したりする場合だ。

ここで、深さ5000メートルの海底が、東西と南北にいずれも100キロメートルくらいの広がりで急に隆起したと考えてみよう。地球の海の平均水深は3700メートルくらいなので、5000メートルといえば、かなり深い海といってよい。そんな深いところで起きる海底の変形が、海面まで影響して津波を生むだろうか？

海底が盛り上がれば、そのすぐ上の水はたしかに押し上げられるだろう。しかし、水はあちこち自由に流れることができるから、押し上げられた水はすぐに周囲に逃げてしまい、海面には影響しないのではないか。海面は、いま海底が盛り上がったことなど知るよしもないだろう——。感覚的にはそんな気がする。

ポイントになるのは、変形の広がりだ。100キロメートルの広がりに対して、水深は5000メートル。これをそのまま1メートルの広がりに縮小すると、水深はわずか5センチメートルになる。プール水深5センチメートルだけ水を入れて、1メートル四方の底を急に隆起させる。これなら、たしかに水面に影響が出そうだ。底の動きで水面が動くようすをイメージできるだろう。

「大きさ」がない水の「広がり」を考える

すこし脱線して補足しておきたいことがある。

いま、広がりが100キロメートルにもなる海底の変形を、1メートルに縮めて話をした。水には「大きさ」というものがないのだから、100キロメートルだろうと1メートルだろうと、水にとっては関係ないようにも思える。

ここに、10センチメートル大の木の塊と、同じ材質の木を細かくした1ミリメートルのおがくずがあるとする。これを持ち上げて、同時に手を放す。どうなるか?

塊は速く、おがくずはゆっくり落ちていく。……あたりまえのようだが、考えてみるとふしぎだ。まわりの空気には「大きさ」がない。空気はみずからの「大きさ」と比較して木片の大小を判断することはできないから、木の塊だろうとおがくずだろうと、空気にとってはどちらも同じようなもののはずだ。ところが、実際には違うのだ。

水や空気のように、すこしの力で簡単に形を変える物質を「流体」という。読んで字のごとく、流れる物体だ。詳しくは説明しないが、流体の性質を特徴づける数値に、「レイノルズ数」というものがある。いま注目している現象の大きさや、流体の粘っこさ、流体の動く速さなどが関係している数値だ。たとえ水と油のようにまったく別の流体でも、このレイノルズ数が同じなら、よく似た現象が起きる。

レイノルズ数は、粘っこい流体のなかで大きな物体が動く場合と、さらさらの流体のなかで小さな物体が動く場合とで同じになる。つまり、木の塊を落とす場合とおがくずを落とす場合を同じ状況にしたいなら、塊が落ちていくときの流体は、もっと粘っこくなければいけないということだ。

流体に「大きさ」はない。だが、流体が関係する現象を考えるとき、その現象がどれくらいの広がりをもつのかという点は、無視してはいけない。注目している現象の広がりが違えば、それに対する流体の影響のしかたも変わってくるからだ。言い方を換えれば、流体は、自身のなかで動く物体の大きさや現象の広がりを感じとる性質を備えもっている。

だから、水が関係する100キロメートルスケールの話を、そのまま1メートルのサイズに縮小してしまうのは、ほんとうはよくない。ここでは、100キロメートルの広がりに対する水深5キロメートルよりも、1メートルに対する5センチメートルのほうが直感的にイメージしやすいと考えて、物理的な厳密性はいったん脇に置いたうえで、あえてこのようなたとえ話を使った。

津波が起きるための必須条件

海底と海面の変形に話をもどそう。

ここでもうひとつ、生活感覚からイメージしやすいたとえ話をしておこう。いま、風呂で湯船につかっているとする。水面から20センチメートルくらいの深さのところに、手のひらを上に向けて手を沈める。そして、手をそのまま急に水面の近くまで動かす。すると、水面がその部分だけ瞬間的に盛り上がり、それが波として広がっていく。これが、まさに津波が発生する原理だ。もちろん、手のひらが海底に相当する。

湯船に生じたこの〝津波〟で、とても大切なことがある。手を動かす速さだ。急に手を持ち上げると、水面は盛り上がる。だが、持ち上げ方がゆっくりだと、水面は盛り上がらない。手のひらと水面のあいだにあった水は、まわりにすっと逃げてしまう。

海でも同じことだ。海底の変形が急に起きると海面も変形して津波になる。ゆっくりだと、ならない。では、どれくらい急であれば、津波になるのだろうか？

結論を先にいえば、たとえば、水深４０００メートルの海底が１００キロメートルくらいの広がりで隆起する場合なら、８分程度よりじゅうぶんに短い時間で隆起すれば津波が起きる可能性がある。同じ広がりで水深が１０００メートルなら、８分が17分になる。水深が浅ければ、比較的ゆっくりした隆起でも津波が起きるということだ。

この８分とか17分という数字は、なにを意味する時間なのか？　それに答えるために、津波をはじめとする「長波」がどういう波なのかをまず説明し、長波の進むスピードへと話を進めていこう。

4-3 「海底を強く感じる波」ならではの現象

注目点は「水の動き」

第３章では、波の波長、すなわち波形の山から隣の山までの長さにくらべて、その波が伝わっている場所の水深がかなり深い場合について詳しく説明した。それは、深水波と名づけられた波だった。深水波では、波にともなう水の動きが海底ではゼロになっている。違う言い方をすれば、海底の存在は深水波には関係ない。深水波は、「海底を感じていない波」なのである。

ここでの主役である「長波」は、深水波とは正反対の極端なケースだ。波の波長にくらべて、水深がきわめて浅い。この先、津波のスピードの話をするときに、長波にともなう水の動きがとても重要になる。深水波の水の動きを振り返りながら、その点をもういちど詳しく説明しておこう。

海面を深水波が伝わっているとき、その下の水は、波の山と谷の通過にあわせて上下に動く。同時に、波が伝わる向きに行ったり来たりする。上下の動きと行ったり来たりの動きが合わさって、水の動きは円運動になる（86ページ図3－4参照）。

海面にある水は、波の通過にあわせて山から谷まで上下するので、円運動の大きさは波の高さと同じ。水深が深くなるにつれて、水の動きはだんだん小さくなっていく。波の波長の半分の深さになると、動きの大きさは海面近くにおける動きの4％ほどになり、波長と同じだけ深いところでは海面近くの0・2％にまで低下する。もうほとんど動いていない状態だ。だから、それより深い海底なら、海底はあってもなくても同じこと――。

こんどは、水深をだんだん浅くしていってみよう。それまで海底を感じていなかった波は、ある時点で「あれっ、なにかある」と違和感を覚えるはずだ。水深が波長と同じくらいにまで浅くなって、水の動きがわずかに海底に触れたからだ。それまで水は、円を描いて動いていたが、海底に触れた部分はもう円を描けない。海底が平らだったら、それに沿って前後に往復運動するしかなくなる。

津波の恐ろしさに直結する長波の性質

もっと浅くしよう。波はもう、かなり海底の〝束縛〟を感じている。海底の水は、上下には動けず、前後に往復する動きしか許されないという束縛だ。波にともなう水の動きは、全体的に上下の動きが少なくなって、上下につぶれた楕円の動きになっている。海底に近いほど、つぶれ方は激しい。海底では完全につぶれて、たんなる前後の往復運動になっている。これが、浅水波の状態だ。

さらに浅くする。そうすると、この海底のきつい束縛は水全体におよぶ。つまり、水の動きは、上から下まで全体が往復運動になる。円運動が上下につぶれはてた末の往復運動だ。

しかも、水が行ったり来たりするこの往復運動の大きさは、海面近くでも海底近くでも変わらない。なぜなら、いま考えているのは、水深をどんどん浅くしていった極端な場合だからだ。水深が深ければ、水の動きは深さとともに小さくなるが、いまは極端に浅い水深を考えているので、動きが小さくなるまえに海底に達してしまうのだ。つまり、水の動きの大きさは、海面から海底までどこも一緒。こうなった状態が長波だ。

まとめておこう。津波のように、波の波長が水深にくらべて極端に長い場合、波が進むのにともなって、水は海面から海底まで一緒に行ったり来たりする。上下動のない水平な往復運動だ。波の山の部分の下では、波の進行方向と同じ向きに水はいっせいに動き、谷の部分では逆向きにもどってくる。これが長波の水の動きだ。

この長波の性質が、津波の恐ろしさに直結している。津波の盛り上がった部分では、水はいっせいに津波の進行方向に動いている。それに続いてやってくる海面が低い部分では、水は逆に沖へ向かう。津波は、その盛り上がりとともに水がどっと押し寄せ、そしてすべてを沖にさらっていくのだ。

「極端なケース」を想定する理由

長波についてのこの説明、よく考えてみると、どうも納得がいかない。そんな気がしないだろうか。

長波の場合、水の動きは往復運動だけになる。海面から海底まで、上下の動きがなくなって、水平方向の往復の動きだけになる。だが、もしほんとうにそうならば、そもそも波がなくなってしまうのではないか？　波だというからには、海面は上下に動いている。それなら水も上下に動くはずではないか。水が上下に動かないというのは、波がない状態ではないのか。もし波がなければ、水が往復運動する必要もなくなってしまう……!?

科学では、しばしば極端なケースを考える。事柄の本質をとらえるために、本来はありえない状況まで考える。日常生活ならば、「あまり極端なことを考えても意味がない」という声が聞こえてきそうだが、科学では違う。理解を深めるために、あえて極端な状況を仮定する。極端な状況を考えることで余計な要素が省かれ、本質がはっきり見えてくる場合があるからだ。

たとえば、高校の物理で出てくる「質点《しってん》」という概念がある。文字どおり、質量をもった点だ。質量というのは、物体に力を加えたとき、その動き方がどれだけ変化しにくいかを表す量。質量の大きな物体が動いていると、力を加えてもその動きは変化しにくい。また、質量のある物体には重力が働き、わたしたちはそれを「重さ」と感じる。ここでは、質量イコール重さと考えておこう。

質量をもつ点が質点。考えてみると、これはありえない状況だ。点には大きさがない。大きさがゼロの物体など、現実には存在しない。

だが、こう考えてみよう。

「ボールが坂を転がり落ちるとき、どれだけの速さになるか」という問題を解こうとすると、ボールの重さのほかに、ボールがどれだけ回転しやすいかを考えなければならない。ボールでなくて質点なら､回転のことは考える必要がなくなる。重さだけを考えればいいのだ。言い換えると、重さについてだけまず考えるために､「質点」という極端なケースを考えるということだ。もし必要なら、次の段階として、回転について考えればいい。

「大きさがないなら、それは物体が存在しないということ。だから考えても意味がない」ではなく、〝ありえない状況〟を考えることで、物事の本質を明らかにする――。それが、科学にとってとても大切なものの考え方なのだ。

水面を伝わる波の科学も、同じことをしている。第3章で説明したが、この本のほとんどの部分で、波の振幅は小さいと仮定している。つまり、山と谷の高さの差がほとんどないような波を考えている。これを「微小振幅」の仮定というのだった。「波の上下動はほとんどないと考えましょう」という仮定だ。

それにもかかわらず、たとえば深水波だと、水の動きは上下と前後を合わせた円運動になる。上下動はほとんどないと仮定して、上下の動きを考えているのだ。

科学ではよく､「無視する」という言葉を使う。波の振幅を厳密にゼロとするのではなく、振幅は小さいとして無視するのだ。この本では説明に式を使っていないが、内容としては､「振幅は小さいと仮定して、方程式のこの部分は無視する」ということを実際にやっている。無視はするがゼロではない。だから、波としての性質は立派に保っている。そして、振幅の大小が問題になるような現象に対しては、無視するのはやめて、すこしだけ振幅を考える。ご都合主義のようにも見えるが、こうして順を追って理解を深めていくのが、科学のやり方なのだ。

津波を代表とする長波の理論では、波の波長が水深にくらべて極端に長いと仮定している。こう考えると、水の動きは波が進む向きに沿った水平方向の往復運動だけになる。波なのだけれども、水は上下に動かない。実際の海で完全に往復運動になるわけではないが、おおよその理解としてこれは正しい。まずは、それを目指すわけだ。

津波は深い海ほど速く進む

いま説明しているのは、津波が沖合を進んでいるときの話だ。津波は、沿岸に近づくと、だんだん浅くなる海底の影響を強く受けて変形してくる。これについては後述することにして、ここでは、典型的な長波として沖合を進んでいる津波のスピードについて考えていこう。

これからはじめる説明のゴールを、まず先に示しておく。そのひとつは、「津波の伝わる速さは、水深が深いほど速い」ということだ。もうひとつは、「津波の伝わる速さは、重力が強いほど速い」ということ。もっとも、2番めのほうは、地球上で考えているかぎり重力はどこでも同じと考えてよいので、現実の津波には関係しない。

まず、水深が深いほど津波が速い理由を説明しよう。基本になるのは、先ほど説明した「水は海面から海底まで一緒に往復運動する」という長波の性質だ。話を簡単にするために、ここでも海底は平らだとしよう。津波の波形も単純化して考える。

いま、図4-7のように、左から右に津波の先端が伝わっているとする。図4-7①の地点Aでは、すでに海面が盛り上がり終わっている。したがって、地点Aの水は、海面から海底まで、いっせいに左から右に動いている。地点Bには、いま津波の最先端部が到達している。海面が盛り上がってくるのは、これからだ。

だから、この瞬間の地点Bでは、水はまだ動いていない。つまり、AとBにはさまれた部分には、Aから水が流れ込み、Bからはまだ水が出ていかない。したがって、この部分には水がたまって増えていく。

津波がすこし進行したとする（図4-7②）。津波の最先端は、すでに地点Bを通りすぎている。地点Bの水位は、いままさに上昇中だ。したがって、地点Bでも水は左から右に動きはじめてはいるが、まだ地点Aほどじゅうぶんに速まっていない。だから、AとBにはさまれた部分では、Aから流れ込む水のほうが、Bから出ていく水よりも多い。すなわち、AとBにはさまれた部分の水量は、依然として増え続ける。

津波がさらに進んで、地点Bの水位が地点Aと同じになった（図4-7③）。こうなると、地点Aから流入する水の量とBから流出する水の量は同じになる。これで、津波の先端部分の通過は

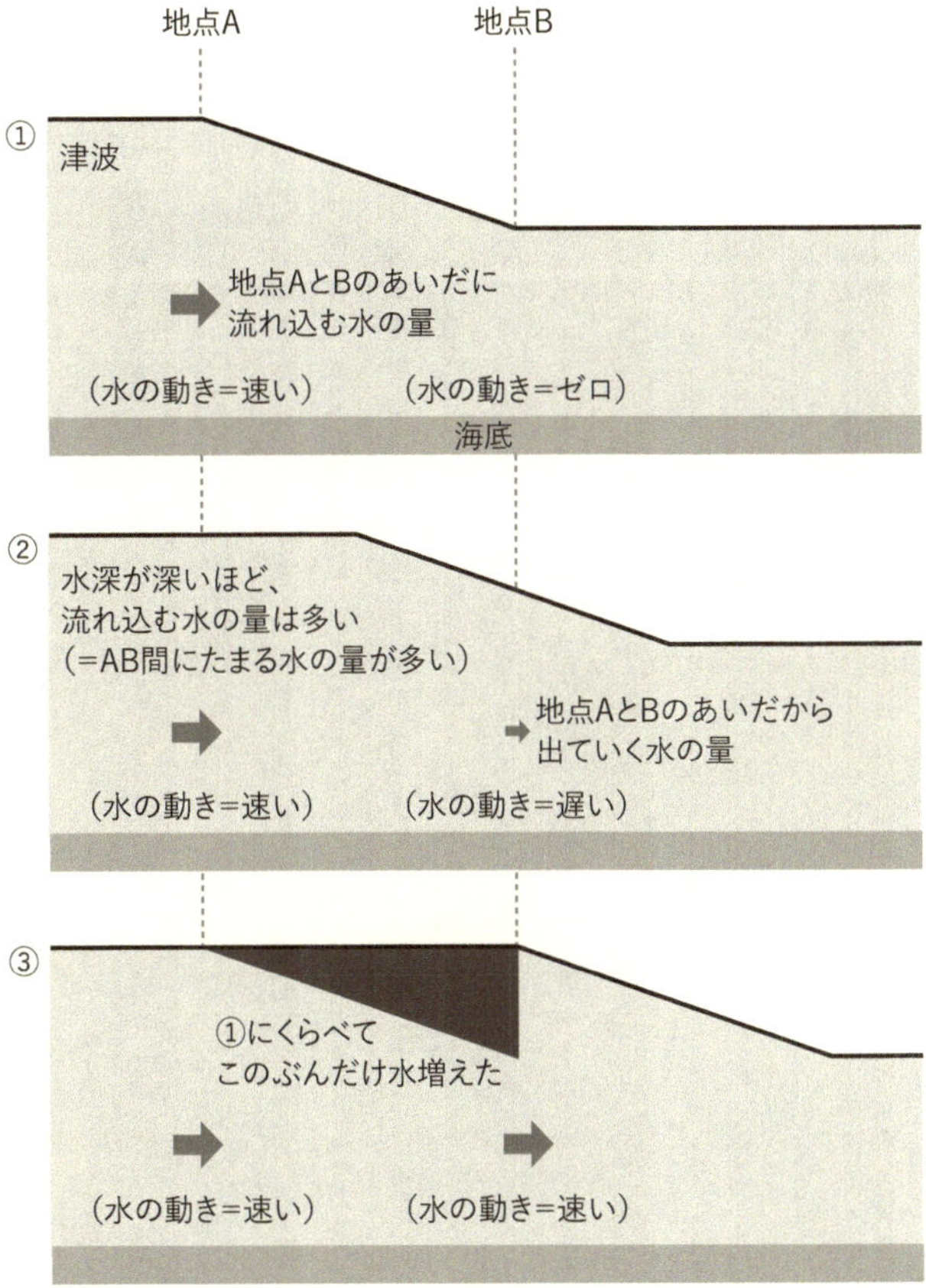

4-7 津波の進行と水の流れ　①→②→③と津波が進んでいく。③と①を比べると、地点AとBのあいだでは ■■ の部分だけ水が増えた。水深が深いほど、水が増えるペースは速い。すなわち、水深が深いほど、■■ は早く水でうまる。■■ が水でうまるというのは、①の津波でAにあった部分がBまで移動したということ。つまり、水深が深いほど、津波のスピードは速い。

終了だ。

なぜ水深が重要なのか

地点Aと地点Bにはさまれた部分の水量に、あらためて注目してみよう。図4－7①の時点では、AからBに向けて海面は低くなっていた。そして、海面が斜面となっているこの部分が通過したあとは、AとBの水位は同じになる。つまり、先端部分の通過にともなって、その水位差に相当する分だけ水が増えた。

では、どのようなときに水量の増加スピードは速いのか？

答えは、水深が深い場合だ。水深が深いと、地点Aに左から流入してくる水の量は多い。「長波」では、水は海面から海底までいっせいに動くからだ（102ページ図3－8参照）。地点Bの水位が地点Aと同じになってしまえば、Bから右に流出する量も同じになるので、それ以降は水深は無関係になる。だが、それまでは、Aからの流入量のほうがBからの流出量よりも多いので、流入超過は水深が深いほうが多い。水深が深いほうが、地点AとBにはさまれた部分の水量はどんどん増える。厳密にいうと、水深が深い場合には水の動きはやや遅くなるのだが、水深が深くなったことによる流入量の増加が、それを上回っているのだ。

だから、地点Aと地点Bの水位差に由来していた最初の水の不足分は、水深の深いほうが早くうまる。言い換えると、最初の時点（図４－７①）の地点Aの水位は、水深が深いほうがより早く地点Bに到達する。結論として、津波は水深の深いほうが速く伝わるということになる。

注意してほしいのは、いまの説明が、水が海面から海底までそろって同じ大きさで動く「長波」だからできる話だという点だ。深水波とは異なり、長波は、海底でも水が動いている。だからこそ、海底までの深さがどれくらいかということが、長波の性質に大きく影響する。水深が深いほど波の進むスピードが速くなるのは、まさに「海底を感じている波」ならではの現象なのだ。

なぜ重力が関係するか

沖合を伝わる津波の速さを決める要素には、いま説明した水深のほかにもうひとつあった。重力の強さだ。

じつは、これについては、水面を波が伝わるとはどういうことなのかを第２章でお話ししたときに説明してある。水面の盛り上がった山の部分は、重力の働きでもとの平均的な水位にもどされる。その水がまわりに押しだされるので、すぐ隣に山は動く。その連続で波は伝わっていく。そういう話だ。

このとき、もしかりに重力が強ければ、水面の盛り上がりを下に引っぱる力が強くなる。まわりに水を押しだす動きも速くなる。したがって、波の進行も速くなる。これは、深水波や長波といった特別な場合だけにあてはまる理屈ではない。重力を復元力とする水面の波ならどれも、重力が強いほど伝わるスピードは速くなる。

まとめておこう。津波の伝わるスピードは、水深が深いほど速い。そして、重力が強いほど速い。地球上では重力はほぼ一定なので、現実には重力の強弱を考える必要はない。

津波に分散性がないということ

そしてもうひとつ。これは第3章で触れたのだが、長波は「分散性」をもっていない。つまり津波は、波長が長くても短くても、進む速さが同じなのだ。もちろん、波長があまりに短いと、「水深にくらべて波長が極端に長い」という長波としての前提が崩れてしまうので、あまり短くてはいけない。ここでの長短は、あくまでも長波の範囲内での話だ。

第3章で説明したように、深水波のような分散性のある波の場合は、次のような理由で、もともとの波形は伝わっているうちに崩れる。海の波はさまざまな波長の波が重なって、複雑な波形になっている。分散性のある波だと、成分である単純な波の波長が違えば、それぞれが進む速さも違う。だから、成分の波はバラバラに動いてしまって、重ね合わせでできていたもとの波形を保てない。

こういう言い方もできる。あるところで風が強く吹いて、波が生まれたとする。この波には、さまざまな波長の波が成分として含まれている。それらが重ね合わされて、いま目に見える波の形になっている。この波に深水波のような分散性があれば、その成分の波が別々のスピードで伝わってくるので、最初の波がもっていたエネルギーは、それぞれの成分の波に分配されて広く薄まって伝わることになる。最初は「群れ」としてひとところにギュッと固まっていても、だんだんと群れの先端から後端までの距離が伸びてきて、全体的に波高も低くなってくる。

津波も、現実にはいろいろな波長の波の重ね合わせでできている。しかし、津波には分散性がないので、各成分の波の波長が違っても、すべてが同じ速さで進んでくる。そのため、もとの波形が崩れない。海底の急激な変形で発生した津波は、最初の波形とエネルギーを保ったまま沿岸に近づいてくる。繰り返すが、こうなるのは津波が巨大だからではない。波長が長い長波だからだ。

第3章では、群速度の説明もした。よく似た波長の波が重ね合わされて新たな波ができ、それが群れのような塊となって、次々と波状攻撃のように押し寄せてくる。この波の塊の進むスピードが、群速度だった。詳しい説明は省くが、分散性がない波の場合は、波の山／谷が伝わる位相速度と群速度は同じだ。群速度は、波のエネルギーが塊として伝わってくる速さだから、分散性のない津波は、そのエネルギーがいわゆるふつうの波の速さで伝わってくるともいえる。

津波の速さを計算してみよう

実際の津波の速さは、どれくらいなのか?

じつは、これまでの説明をそのまま数式にすれば、津波の速さを計算で求めることができる。ただし、高校レベルの数学になるので、ここでは式の導き方は説明しない。津波の物理的なポイントはすでに説明した。水深が深いほど、そして重力が強いほど速い。分散性がないのだから、波長は津波の速さに関係しない。つまり、速さを求める式に波長は登場しない。

津波の速さを求める式に含まれる要素は、「水深」と「重力の強さ」だけだ。「重力の強さ」に「水深」をかけ算し、そのルートをとると津波の速さになる。

重力の強さとは、正確には「重力加速度」とよばれる数値だ。高校の物理に出てくる。ある質量をもった物体にどれだけの重力が働くかを示す値で、地球上では「9・8」になる。水深は、「メートル」の単位で測った深さを使う。

こうして求めた津波の速さは、「秒速何メートル」という数値で出てくる。具体的に計算してみよう。

いま、水深4000メートルの海を津波が進んでいるとする。太平洋の平均水深がこれくらいだ。まず、重力加速度にこの水深をかける。9・8かける4000で3万9200。そのルートを電卓で計算すると、１９７・９８９……と出る。秒速でおよそ２００メートルだ。

つまり、この津波は、１秒間に２００メートルも進む。これを60倍すれば１分間に進む距離で、さらに60倍すれば１時間に進む距離、すなわち時速になる。２００かける60かける60は72万メートル。この津波は、時速７２０キロメートルということになる。

ジェット旅客機の速さが時速８００～９００キロメートルくらいなので、津波が沖合を伝わっているときの速さは、まさにジェット機なみといえる。

ちなみに、水深がすこし浅くなって２０００メートルだと時速５００キロメートル、水深１０００メートルだと時速３５０キロメートルほどになる。このように、津波は水深が浅くなるにつれてスピードが遅くなる。

では、もっと岸に近づいた津波の速さをこの方法で計算するとどうなるか？

水深を１００メートルとすると、速さは時速１００キロメートルくらいになる。高速道路を走るクルマの速さだ。ジェット機からすれば、かなり遅くなっている。津波の波長は１００キロメートル級なので、波長ひとつ分が通りすぎるのに１時間ほどもかかる計算だ。

もしこれがずっと沖合なら、津波による海面の盛り上がりはせいぜい数メートルなので、１時間かけて水面が数メートル上下することになる。ずいぶんゆっくりと変化する、おだやかな現象だ。

しかし、あとで説明するように、津波は岸に近づくと波高がにわかに高まってくる。そうなると、進む速さはさほどではなくても、岸ではみるみるうちに水位が上がる。東日本大震災の映像に見るように、津波はあっという間に襲いかかってくる。そして、水位の高い状態が、しばらく続くのだ。

「8分」の正体——逃げられる水、逃げられない水

4-2節の末尾で、津波が発生するのは、地震などで海底の地形が急に変形して、それが海面の変形を引き起こすからだと説明した。そのとき、変形がどれくらい急に起きれば津波になるのかを考える目安として、水深が4000メートルの海底で100キロメートルくらいの広がりをもつ隆起について、「8分」という数字を挙げておいた。この「8分」の正体とは何か?

この数字には、津波の進む速さが関係している。いま述べたように、水深4000メートルの海を進む津波の速さは時速720キロメートル。1分間だと、これを60で割って12キロメートル。したがって、この津波が100キロメートル進むのに必要な時間は、100を12で割って、だいたい8分ということになる。先ほどの「8分」とは、この時間のことだ。

海底が盛り上がれば、その上にある水は、もちろん脇に逃げようとする。しかし、いくらでも速く逃げられるわけではない。水の動きは波の動きと一体なので、その水の動きに連動するはず

の波のスピードに制約を受けるのだ。

１００キロメートルの距離をこの波が進むのに必要な時間が８分。とても粗いざっくりとした見積もりだが、これよりもかなり短い時間で差し渡し１００キロメートルの海底が隆起したら、その上の水は逃げられない。逃げられないので、隆起した分の水は水面を盛り上げることになる。水深が１０００メートルとして計算すると、４０００メートルでの「８分」に相当する時間が「17分」になる。

地震を起こす海底の変形は、これくらいの広がりであれば数分ほどで終わると考えられている。いま計算した時間にくらべてかなり短い。したがって、海底の変形がほぼそのまま、津波が発生したときの海面の形になる。逆に、海底の変形が時間をかけてゆっくり起きれば、そのあいだに水は脇に逃げられるので、あまり大きな津波にはならないということだ。

４-４　津波はなぜ「水の壁」へと変貌するのか

岸に近づくと急変する

沖合では、１００キロメートル級の長い波長に対して海面の上下動が数メートルというゆるやかな起伏だった津波も、沿岸に近づいて水深が浅くなってくると、すこしずつ姿を変える。「水の壁」とも表現される津波へと変貌するのだ。

津波の進む速さは、その場所の水深だけで決まる。津波がこの性質をもつための前提は、水面の起伏がきわめて小さい「微小振幅」の波であること、そして、水深にくらべて波長が極端に長い「長波」であることだった。津波についてのこれまでの説明では、速さの話にかぎらず、このふたつを前提としてきた。広がりのスケールは大きいが、海面の起伏はほんのわずか。このような津波について考えてきた。

津波が沿岸に近づくと、その姿は変わる。どう変わるのか？

先に答えをいっておこう。沿岸に近づいて水深が浅くなってくると、津波の波高は高くなり、その結果、波形はゆがんでくる。これまで考えてきた波は、海面がゆるやかに盛り上がってゆるやかに水位が下がるサイン・コサイン形だったが、津波が岸に近づくと、先頭が切り立って壁のようになってくる。その理由を、順に説明していこう。

まず、なぜ波高が高くなるのかという点だ。

津波が伝わるとき、その下の水は往復運動している。つまり津波は、水の動きにともなう運動エネルギーをもっている。そして、動いている水は、まわりの水と押し合いへし合いしているから、まわりの水にこのエネルギーを与える。沖から岸へ進んでくる津波は、こうしてエネルギー

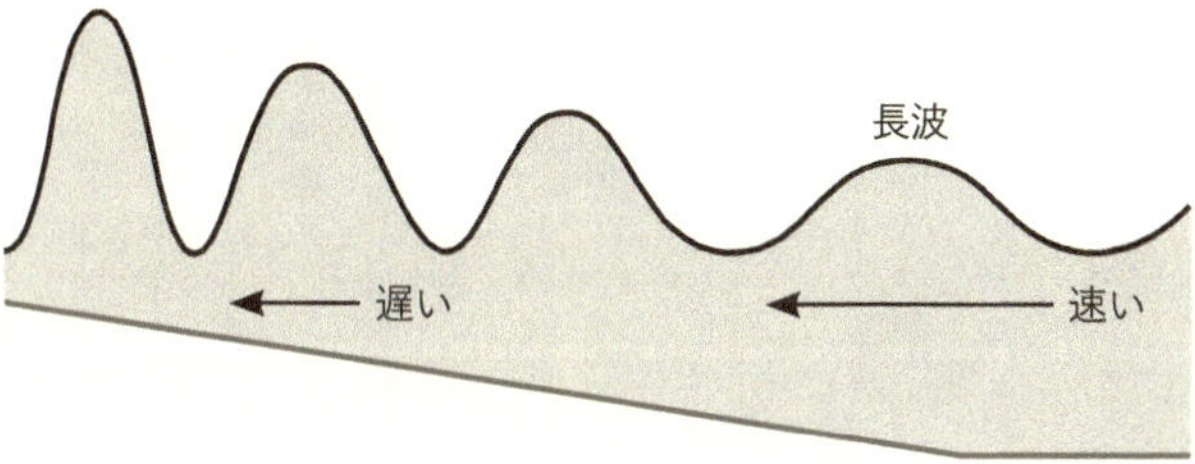

4-8 岸に近づく長波　長波が岸に近づいて、しだいに水深が浅くなってくると、進むスピードが落ちる。そのため、後ろから波が押しつけられて、波長は短くなり、波高は高まる。

を岸に向けて運んでいることになる。

津波は「長波」だから、水深が浅くなるとスピードが落ちる（図4－8）。ということは、先端にくらべて後ろから来ている部分のほうが、水深の深い部分を進んでいるぶんスピードが速い。その結果、波は後ろから前に押しつけられるようになって、波のエネルギーが前後の狭い幅に圧縮される。そのため波のエネルギーは濃密になり、津波の波高が高くなるのだ。

気象庁の予測方法

津波がそのエネルギーを保ったまま浅い水域に入ったとき、波高がどれだけ高くなるかを計算できる数式がある。それによれば、水深が1000メートルから500メートルになると、波の高さは1・2倍になる。水深1000メートルから100メートル、50メートルになると、波の高さはそれぞれ1・8倍、2・1倍になる。水深が浅くなるにつれて、津波がかなり高まってくることがよくわかる数字だ。計算式は紹介しないが、この式には「グリーンの法則」とか「グリーンの式」といった名前がついている。

気象庁が津波の高さを予測する際にも、このグリーンの法則を使っている。予測は2段階方式だ。あらかじめ、津波を単純な長波と考えてもあまり誤差の出ない沖合15キロメートルくらいまでを計算しておく。次に、そこから沿岸までの波高の増幅をグリーンの法則で求める。沿岸部の複雑な海岸地形や海底地形を本格的に考慮して計算すると膨大な時間がかかるため、簡便なグリーンの法則で代用するのだ。気象庁は、グリーンの法則で求めた水深1メートルの場所での波高を、沿岸での津波の高さとしている。

いま説明してきたように、グリーンの法則は、沖から海岸に向けて進む津波のエネルギーが保存されるという考えに基づくものだ。したがって、海岸で反射してもどってきた津波が波高を高める効果などは考慮されていない。そして、これから説明していくような、沿岸に近づいて波高が増した津波に特有の現象も含まれていない。

そのため、グリーンの法則を使った津波の波高予測には、おのずから限界がある。予測値には、大きな誤差が含まれていると考えておいたほうがいい。

津波はいきなり水位の高い部分から到達する

このようにして津波が高まってくると、これまでの考え方をすこし変えなければいけない部分が出てくる。波高はきわめて小さいという「微小振幅」の仮定だ。

微小振幅の仮定は、「波は存在するけれども、波による水位の高まりや低下は無視する」という考え方だ。したがって、微小振幅の波で「水深」といえば、それは、「水位の高まりや低下がない」と仮定した平均的な水面から海底までの距離のことだ。

だが、これはあくまで仮定であり、現実がいつもそうなっているとはかぎらない。本来ならば、波の山が来ていれば、平均的な水深に山の分を足さなければいけないし、谷の部分では引かなければいけない。つまり、水深は、波の山の部分では深く、谷の部分では浅くなっている。

微小振幅の仮定が有効な状態なら考慮する必要はないが、津波が沿岸に近づいて水深が浅くなり、波高が高まってくれば、もうこれを無視できない。第3章で触れた「有限振幅」の状態に移行するからだ。有限振幅は、振幅を無視してほとんどゼロとすることのできない波という意味だった。

いま、ゆるやかに盛り上がった「微小振幅」の津波が沖合から沿岸に近づいてきたとする。すこしずつ海底が浅くなるので、しだいに津波のスピードは落ちてくる。それとともに、波のエネルギーが集中して波高が高まっていく。ここまでは、先ほど説明したとおりだ。

このようにして波高が高まり、「有限振幅」になった津波が進んでいく状況を考えよう（図４‐

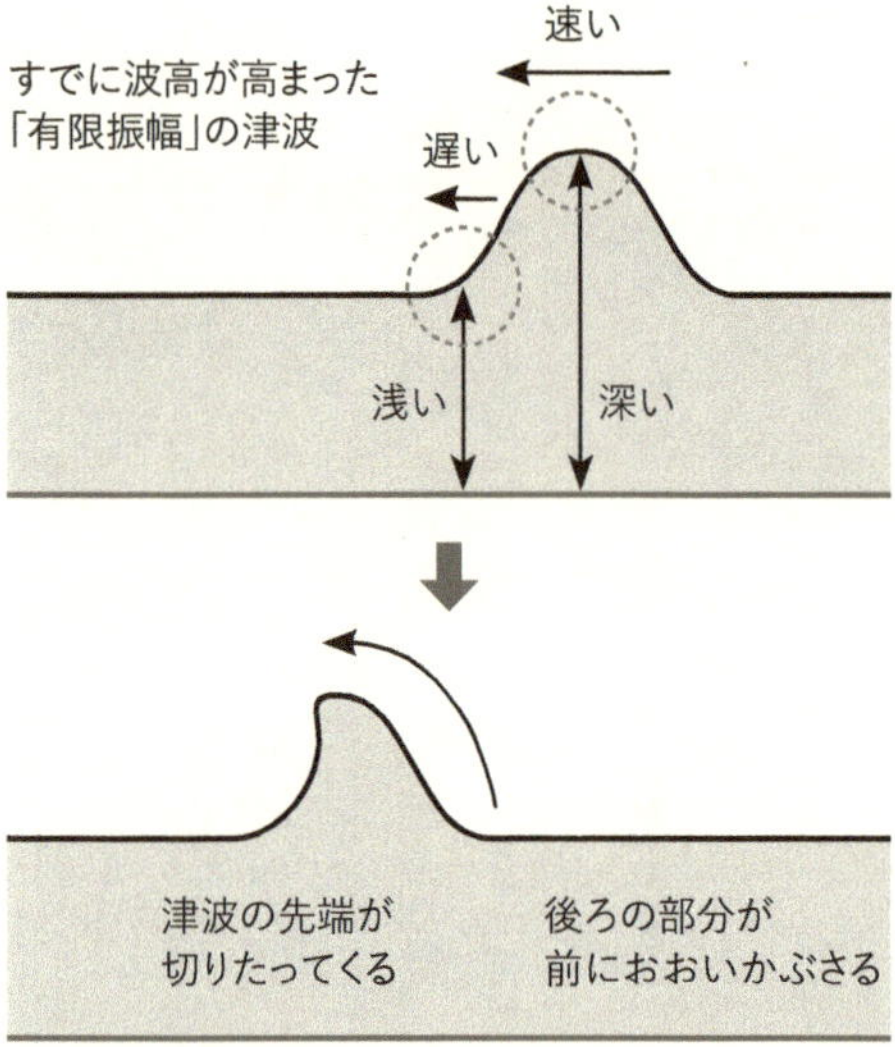

4-9 「有限振幅」の津波の進み方 盛り上がっている部分のほうが速く進むので、後ろの部分が先端部に追いついて、おおいかぶさってくる。

9）。

津波の先端では、まだ海面は盛り上がっていない。だから、水深は、津波のないときの海面から海底までの距離そのものだ。その後ろには、盛り上がった海面が続いている。当然ながら、その水深は、津波のないときの水深に海面の盛り上がりを足したものになる。すなわち、海面の盛り上がった部分は、水深が深い。

ここで、津波の速さの特徴をもういちど思い出そう。水深が深いほど津波は速く、水深が浅くなるにつれて遅くなる。

したがって、津波が進む速さは、先端よりも、そのすぐ後ろの盛り上がった部分のほうが速い。「先端部に追いつけ追いこせ」とばかりに、後ろの盛り上がりが進んでくる。そして、津波の先端部に、後ろから追いついてきた波がついに重なる瞬間が来る。重なれば、そこの波高は高くなる。

こうして津波の高まりは先端部に凝縮され、岸には、いきなり水位の高い部分が到達する。だんだんと盛り上がるのではなく、いきなり切りたったような高い波が来るのだ。まるで、沖側が高くなった段のような海面が押し寄せてくるため、このような波を「段波《だんぱ》」とよぶ。

津波の場合、水深が50メートルくらいより浅いところでは、水面の盛り上がった部分がスピードを速めるこの効果が重要になってくると考えられている。水深50メートルのラインが海岸からどれくらいの距離にあるかは、場所によってかなり違う。海岸から数キロメートルもいかないうちに水深が50メートルを超えるようなところもあれば、20キロメートルほど沖に出てもまだそれくらいの遠浅の海底もある。

水深が浅くなり、エネルギーが凝縮されてもともと波高が高まっていることに加え、こうしたしくみによって津波の先端部の水位はさらに高まる。津波は、沖合ではゆっくりゆったりと水位が変化する波だが、沿岸では変形し、大きな高まりが突然やってくる。小さな津波の印象からか、海岸の水位は徐々に上がると思っている人がいるが、ここで説明したように、津波は先端部が高くなる性質をもっている。大津波は、まさに「水の壁」となって岸を襲うと覚悟しなければならない。

4-5 「海底を感じる波」の奇妙なふるまい

「海底を感じた波」は動く方向を変える!?

この章では、津波を例に長波の説明をしてきた。長波の基本がひととおり理解できたところで、長波と風波の関係についてお話ししておこう。

海岸から海を眺めていて、こんな疑問を抱いたことはないだろうか。

なぜ波は、いつも向こうからやってくるのだろう？（写真4-A）背中側は陸だから、手前から向こうに行く波は考えにくいが、右から左へ、あるいは左から右へ横に進んでいく波があってもよいではないか。

「きょうの波は横向きだな。ちっとも岸に寄せてこない」

そうならないのは、なぜだろう。波はいつも、向こうからこちらへ押し寄せてくる——。

うねりのもとは、風によって起こされる波。いつも同じ海域で発生しているわけではない。いま立っている海岸から見て、右寄りの海で発生したものも、左寄りの海で発生したものもあるはずだが、うねりは決まって、ほぼ正面からこちら向きに押し寄せてくる。なぜなのか。

4-A うねりは岸に向かってまっすぐ押し寄せる（米ロサンゼルス近郊のハモサビーチで筆者撮影）

それは、海岸に近づいたうねりが、海底を感じ、とって進む向きを変えるからだ。右前方から来るうねりも、左前方から来るうねりもあるにはあるのだが、いずれも海岸に近づくと正面向きに進行方向を変える。

うねりは、第3章でお話しした「深水波」だ。水深にくらべて波の波長が短いので、波にともなう水の動きが海底に到達しない。それが深水波だった。ところが、海岸に近づいて水深が浅くなれば、うねりも海底を感じるようになる。

「長波」に変身する「深水波」

これまで、風波やうねりは「深水波」として、津波は「長波」として説明してきた。しかし、風の波と津波は、じつはまったくの別物というわけではない。深水波として伝わってきた風の波は、海岸に近づくと、津波と同じ長波の性格をだんだんと帯びていく。

第3章で、深水波と長波の中間の性質をもつ波を「浅水波」ということを説明した。この言い方をすると、海岸近くまで来た風の波は、深水波から浅水波へと性格を変え、長波に近づいていくということだ。

「深水波」「長波」という分類は、あくまでも波の波長と水深との相対的な関係で決まるものだ。津波の波長は100キロメートル級だから、大海原の3000メートル、4000メートルという水深でさえも、津波にとってはきわめて浅い。だが、この水深は、波長が100メートルのうねりにとっては、とてつもなく深い。この水深は、津波には長波という性格を与え、うねりには深水波という性格を与えている。

うねりが海岸に近づいて、水深が波長と同じくらいになると、そろそろ海底を感じはじめる。繰り返し説明してきたように、波長と同じくらいの水深だと水の動きは海面付近の0・2％くらいまで、波長の半分の深さだと4％くらいまで低下する。このわずかな動きを、浅くなってきた海底が邪魔しはじめる。すこしずつ、底を感じない「深水波」ではなくなってくるのだ。

このようにして、沖合の風で生まれた深水波も、海岸に近づくとしだいに長波へと変身していく。波が自分で姿を変えようとしたわけではないのに、水深が浅くなったことで、その性格が深水波から長波に変わったわけだ。波が進むスピードも波長とは無関係になっていき、こんどは水深が大きく影響するようになる。

岸に近づいた波はノロノロ運転のクルマ!?

風で生まれた波の最期については、第3章で説明した。波高が高くなって砕けてしまうのだった。波が海底を感じて砕波にいたるこの過程を、もうすこし詳しく見てみよう。

沖から海岸に波が近づくと、変化するのは波高だけではない。スピードが遅くなり、波長は短くなる。

まずはスピードから説明しよう。深水波でいられたあいだは、波の伝わる速さは水深とは関係なかった。波長が長いほど速く進むが、水深とは無関係だ。海底を感じていないのだから当然だ。ところが、水深が浅くなって海底を感じる長波の性格を帯びてくると、波の進む速さは水深の影響を受けるようになる。水深の深いほうが、長波は速く伝わる。浅くなると、スピードが落ちる。この点が、「海岸の波は、なぜ正面からこちらに向かってやってくるのか」という疑問に答えるためのポイントになる。

波長はなぜ短くなるのか？

波がすでに海底を感じるようになった地点Aと、それより岸に近い地点Bを考えよう（図4－10）。いま、1分間に両地点を通過する波の山を数えたとする。これは同じ数でなければならな

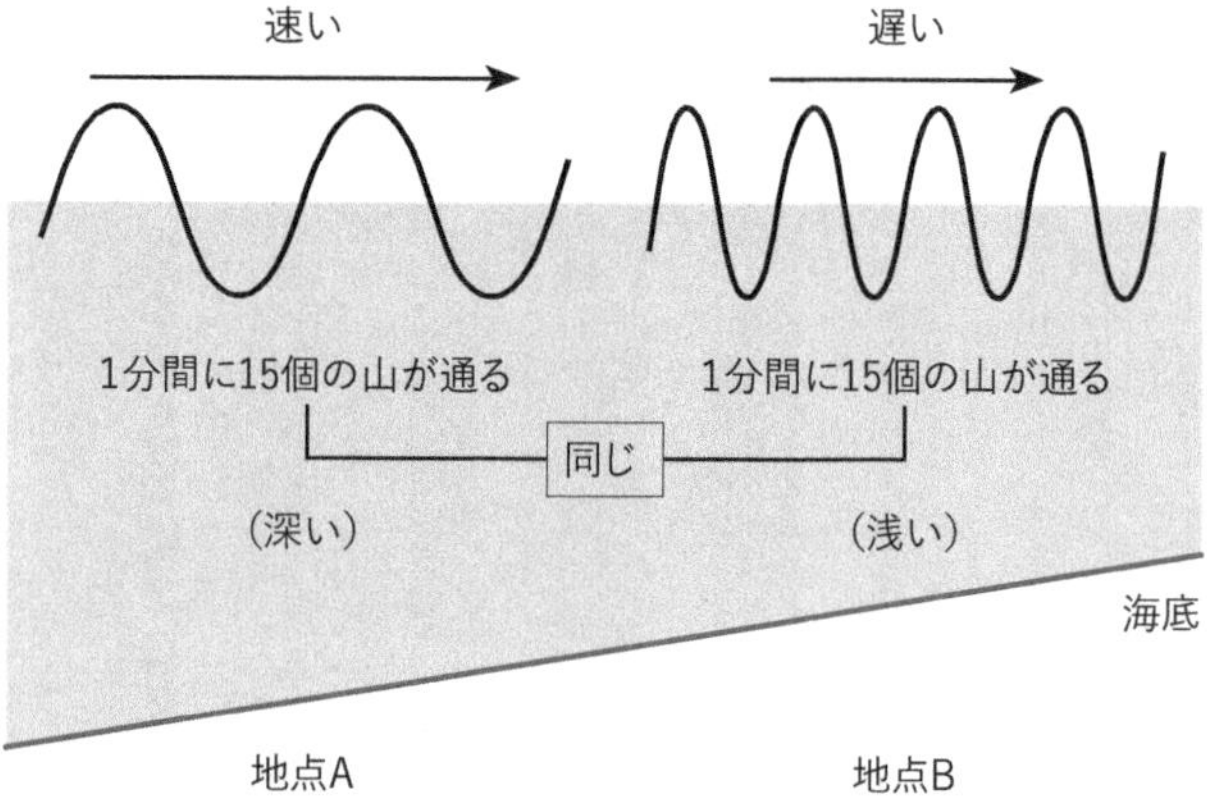

4-10 浅くなると波長が短くなる理由 1分間に地点AとBを通過する波の山の数が違うと、AとBとあいだにどんどん「山」がたまっていったり、少なくなっていったりしてしまう。これはありえない。したがって、通過する山の数は同じ。Bのほうが波は遅いので、波長が短くなければ、山はAと同じ数にならない。

い。もし地点Aを通る山が15個で、地点Bを通る山が10個だったとしたら、AとBのあいだにある山の個数は、この1分間で5個も増えてしまう。これが続けば、AとBのあいだに無数の山が閉じ込められてしまうことになる。これはおかしい。波が沖から岸にふつうに寄せ続けるには、地点Aを通る山と地点Bを通る山の個数は、つねに同じでなければならない。

山の個数は同じなのだが、波の進むスピードは違う。すでに長波になっているから、水深の浅い地点Bを通る波のほうが遅い。スピードはゆっくりなのに、1分間に通りすぎる波の山の個数は地点Aと同じ。そうなるためには、波の山と山の間隔がA地点にくらべて狭くなっていなければならない。つまり、波長が短くなっていれば、進み方がゆっくりでも、１分間にたくさんの山が通過できる。イメージとしては、ノロノロ運転しているクルマの列ではクルマとクルマの間隔が狭まっているのに似ている。

うねりのような波が砂浜に近づいてくると、スピードが落ちて波長も短くなり、前後の短い部分にエネルギーが集中することで波高が高くなる。そしてついに、波は砕ける。砕けるときにエネルギーの多くを失ってしまうため、あとは波の名残が砂浜をサーッと駆け上がっては下りてくる。海水浴でふつう目にするのは、このような光景だ。

波はなぜ、正面から押し寄せるのか？

さて、「岸に近づく波は正面からやってくる」という話にもどろう。

いま、風から生まれたうねりが、右斜め前方から海岸に向かってきたとする（図４－11）。右斜め前方から波が来るとき、横に連なった波頭の下の水深は、どのようになっているだろうか？

向かって右側のほうが岸に近いので浅く、左側のほうが深い。横一列になって波が進んできていても、その下の深さは部分部分で違うのだ。

このうねりは、海岸に近づいて水深が浅くなり、すでに長波の性格を帯びている。したがって、進むスピードは水深が深ければ速く、浅ければ遅い。ということは、岸から遠い深いところを進

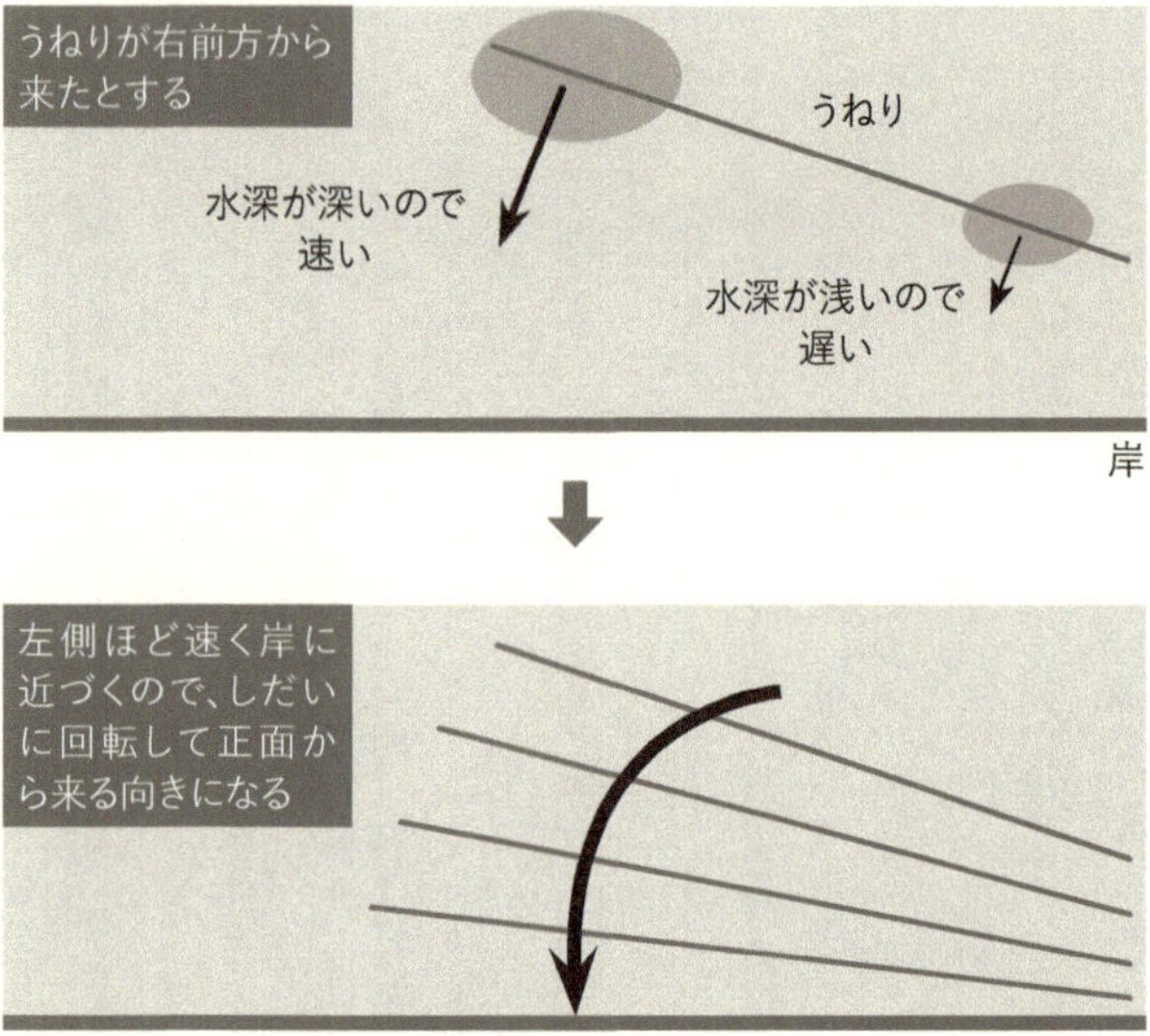
うねりが右前方から
来たとする
うねり
水深が深いので
速い
水深が浅いので
遅い
岸
左側ほど速く岸に
近づくので、しだい
に回転して正面か
ら来る向きになる

4-11 波が岸に正面から向かってくる理由　岸から遠くて水深の深い部分を進む波のほうが速い。したがって、遠いところのほうが速いスピードで近づいてくる。

む向かって左側のスピードは速く、右側の部分は遅い。

波は、全体としては岸に向かいつつ、岸から遠い部分ほど速く進んでくる。その結果、右前方からやってきたこの波は、しだいに正面向きになってくる。いったん正面向きになってしまえば、波の右側も左側も同じ水深になり、そのままま っすぐ岸に向かってくるのだ。

この波の動きは、たくさんの子どもが横に手をつないで向こうから歩いてくるようすを想像すると理解しやすい。横一列に並ぶ子どもたちが、波頭の連なりだ。向か

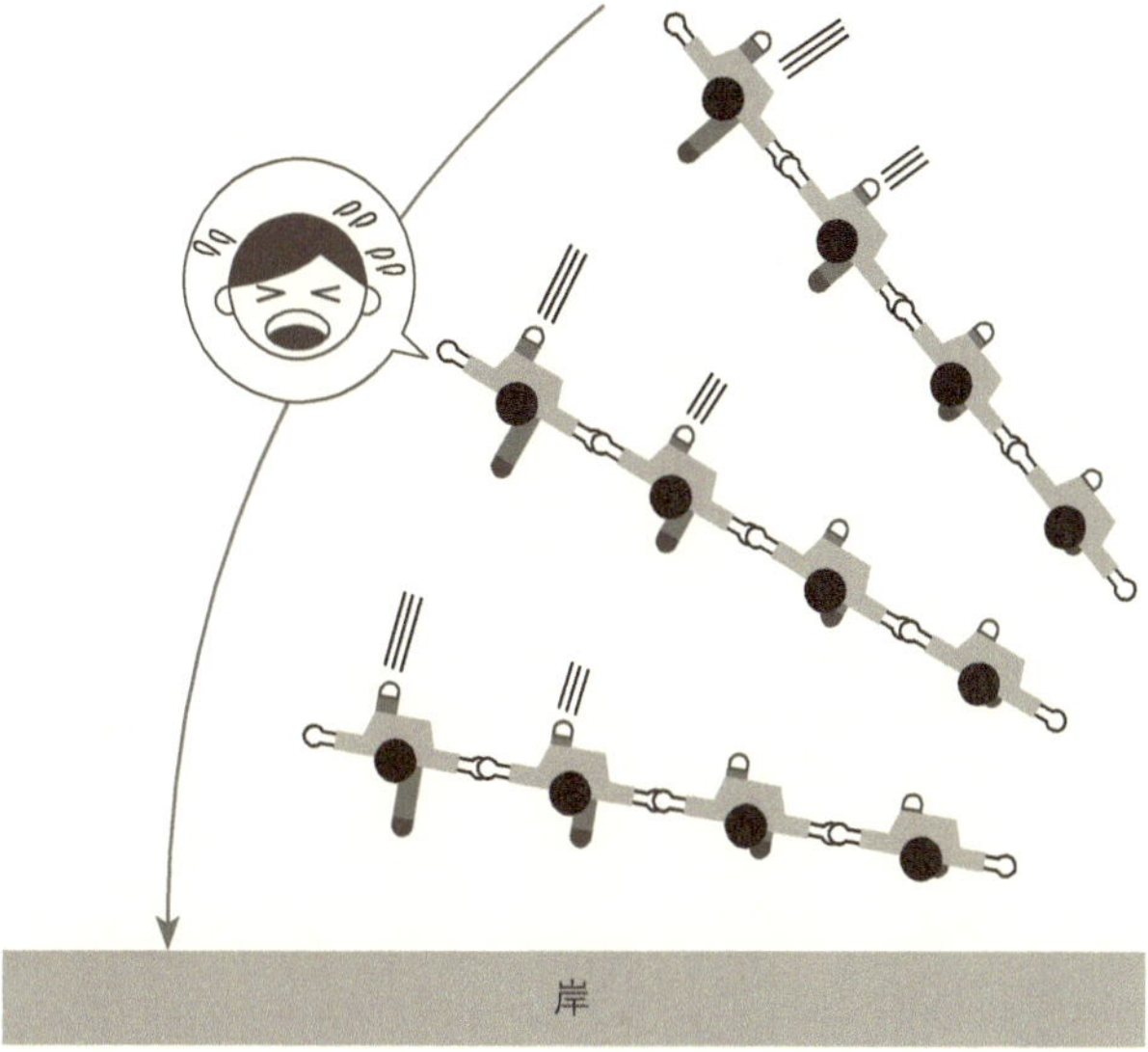

って左側の子ほど歩くスピードが速いとしよう。この列は、まっすぐに進んでいくだろうか？

そうはならない。列のなかで向かって左の子どものほうが右よりも速く進むので、全体がこちらに向かって移動しながらも、列は上から見て反時計まわりに回転していく。徐々に回転していって、岸にまっすぐに進んでくるようになる。

左前方からやってきた波は、同じ理由で時計まわりにすこし向きを変え、やはり正面向きになる。どの方角からやってきた波も、岸につくころには、海岸線に平行な波となって正面から押し寄せてくるのはこういう理由による。

こんな言い方もできる。海岸線から沖に

向かって一様に水深が深くなるとき、同じ水深のところを結んだ「等深線」は海岸線に平行になっている。この言葉を使えば、沖から来る波は、海岸線に近づくと等深線と平行になろうとすると表現することもできる。平行になって等深線と直角な方向に、すなわち、岸にまっすぐに向かって進もうとする。

これが、水深が浅い海に入ってきた波に生じる「屈折」という現象だ。屈折といえば、光を空気中から水中に照射したときに、その境目で進行方向が変わる現象を思い浮かべる人が多いかもしれない。プリズムに太陽の光を通すと虹の七色に分かれるのも、この屈折が関係している。屈折は、光が波としての性質をもっていることの証拠のひとつでもある。光という波の進むスピードが、ふたつの物質の境目で変わる結果として、進行方向も変わる。その変わり具合が色ごとに違うために、太陽の光に含まれていた色が分かれて七色になるのだ。

海の波の場合は、空気と水というまったく別な物を通過する光とは違って、すこしずつ水深が浅くなるだけだが、進むスピードが変わるという点では同じこと。いずれも波の屈折だ。

「岬の突端に荒波」の理由

波が海岸線に向かって正面から押し寄せてくることで、特別な地位を得た場所がある。——岬だ。

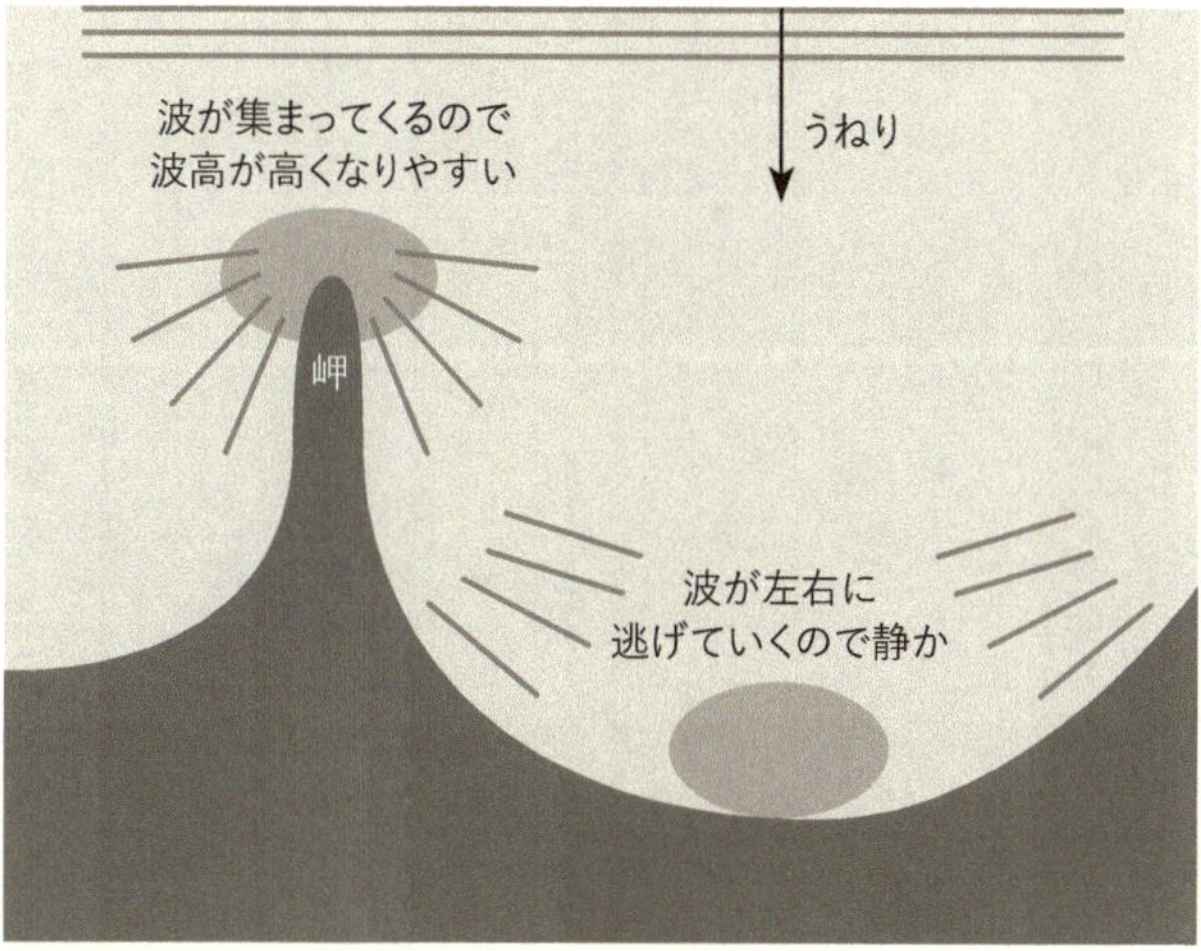
波が集まってくるので
波高が高くなりやすい
うねり
岬
波が左右に
逃げていくので静か

4-12 海岸の地形と波　岬には波が集まり、湾の奥に届く波は少ない。

岬の突端から沖を見ると、右手前側に続いていく海岸線に対しては右から波が来るし、左側の海岸線には左から波が来ることになる。このふたつの波が重なるのが岬の周辺だ。岬に来る波は、正面からだけではなく、右脇からも、左脇からも来る（図４－12）。

岬といえば、荒波に洗われている場所というイメージがあるが、この感覚は正しい。波の山と山が重なれば、波高は高まる。岬では左右から来た波が重なって高くなり、海は荒々しい姿を見せるのだ。

逆に、湾の奥に向かって進む波は、等深線に直角に進もうとして左右に分かれていく。だから、湾の奥では波のエネルギーが薄まって波高が低くなる。風が引き起こす波にかんするかぎり、湾の奥は海水浴場として好適だ。

「風が引き起こす波にかんするかぎり」と条件をつけるのには、訳がある。津波については、まったく違う原理が働くからだ。

津波とうねりは「底の感じ方」が違う

先ほど、水深が浅くなれば波のエネルギーが凝縮されて波高が高くなるという話をした。これとは別に、もうひとつ波のエネルギーが凝縮される場合がある。それは、〝幅〟が狭まっていく場合だ。

東北地方の太平洋側に位置する三陸海岸の地図を見ると、海岸線がギザギザになっている。もともと深い谷だったところに海が入り込んだ「リアス海岸」とよばれる地形だ（図4－13）。このような地形に沖から津波が押し寄せると、進むにしたがって左右から陸地が狭まってきて、最後は行き止まりになる。

ここに進入した津波は、もう逃げようがない。先すぼまりになってきて、波のエネルギーは狭い領域に押し込められることになる。その結果、波は高まる。

リアス海岸のような先すぼまりの地形に入ってきた津波は、水深が浅くなるのに加えて幅まで狭まり、局地的に波高がきわめて高くなることがある。津波は、湾の奥で高くなりやすいのだ。

凪の波の話のなかで、波が静かになる湾の奥は海水浴場に向いていると説明した。津波は、その反対だ。また、津波の場合は、風の波が高くなりがちな岬のあたりで、とくに高くなるわけではない。津波はもともと長波であり、うねりもまた、水深が浅くなったことで長波になっている。同じ長波なのに、その違いはどこから生まれるのか？

答えは「波長」だ。津波の波長が１００キロメートル級なのに対し、うねりの波長はせいぜい１００メートル級。じつに、１０００倍も違う。

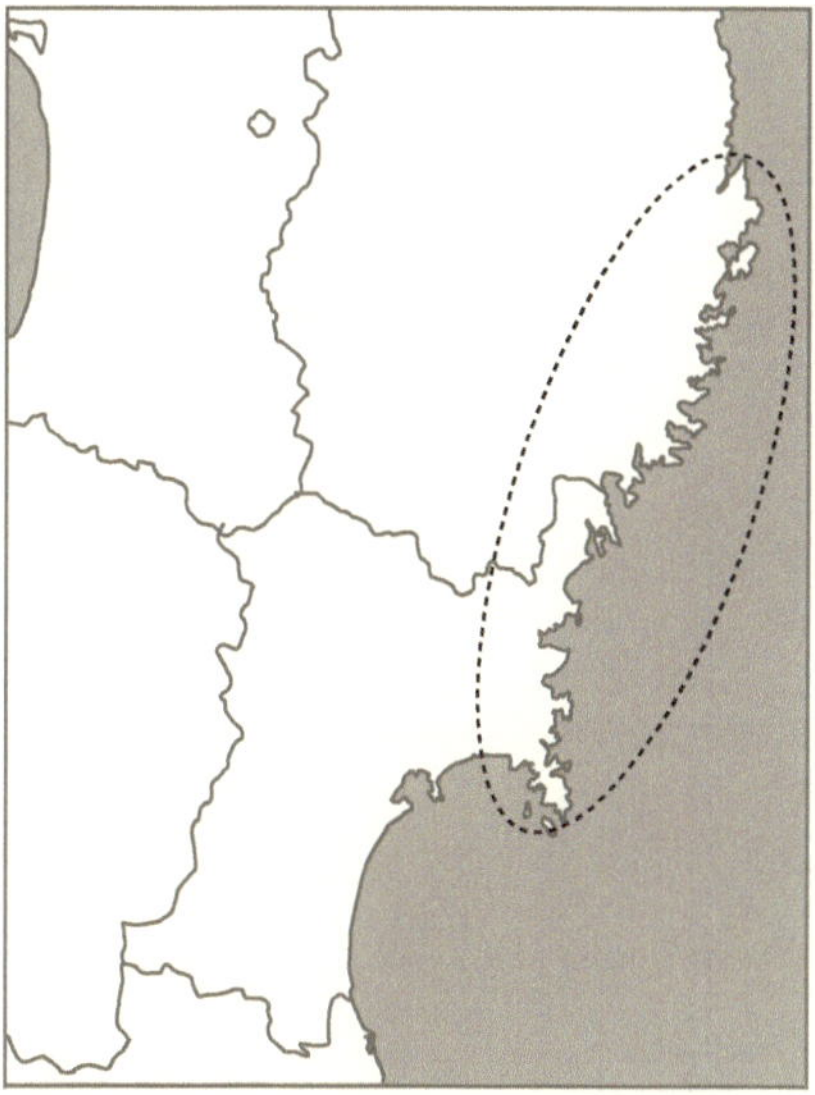

4-13　三陸のリアス海岸　岩手県、宮城県の太平洋側は、海岸が複雑に入り組む「リアス海岸」になっている。

津波が沖からやってきたとする。水深が急に浅くなっている大陸棚は、岸から沖に１００キロメートルほど続いているから、津波に影響を与えるのに十分なスケールがある。大陸棚に突入した津波は、水深がどんどん浅くなってくることを無視できず、海岸に着くころには、たとえば先端が突っ立って壁のようになっていたりするような変形を受けている。先ほど説明したとおりだ。

一方、海岸線がなだらかな弧を描いているか、そこに岬があるかといった小さな地形の特徴は、海岸から数百メートル、数キロメートルといった短距離の海底にしかおよばない。そこに、波長が100キロメートルにもなる津波が突っ込んできても、これほどスケールの小さな水深の変化では、進行方向を変えられない。

だから、岬だろうと湾だろうと、津波はそのまま否応なく押し寄せる。そして、湾が先細りになっていれば、その狭いところにエネルギーが集中して波高が高まるのだ。

うねりは、津波よりもずっと波長が短いので、小回りがきく。ちょっとした水深の変化にすぐさま反応して、進行方向を変えることができる。同じ海底の変化でも、その感じ方がうねりと津波とではまったく異なる。結果として、波が高まる場所も違ってくるのだ。

反射波の存在も無視できない

津波の話にもどろう。

海岸での津波の高さに影響する要因は、ほかにもある。

ひとつは、波の「反射」だ。水面の波は、岸にぶつかると反射する。池で岸にぶつかる波を注意して見ていると、反射して岸から向こうにもどっていく波が発生しているのがわかる。湯船で静かに波を立てても、同じことが観察できる。そして、もどる波は、もとから進んでいる波と重なり合って水面に複雑な模様をつくりだす。

岸に向かって先すぼまりになった地形を津波が進む場合は、進みながら両脇はすでに岸に接しているので、そこで反射波が生まれている。この反射波が、進行中の津波にすぐさま重なる。反射波どうしが重なったりすることもある。ふたつの波の山と山が重なれば、足しあわさって波は高まる。波のエネルギーも当然、そこで大きくなる。

海岸のどの場所で山と山が重なるかは、津波の入り具合や微妙な地形に左右されるため、現実には事前に予測することは不可能だ。一般論としていえるのは、先すぼまりの地形の地域では、津波は大きくなりやすいということ。これを、日ごろから心に留めて用心しておく必要がある。

津波を増幅する「共振現象」

津波の高さに影響するもうひとつの要因が「共振」現象だ。

物には、揺れやすい周期がある。ブランコに乗ったとき、自分勝手な周期――たとえば１秒間に２回往復させる０・５秒の周期とか、逆に10秒で１往復というゆっくりした周期でこごうとしても、ブランコはほとんど動かない。ブランコがもともと揺れやすい周期にあわせて力を入れるときにだけ、ブランコを上手にこぐことができる。体を揺すってつくりだしたエネルギーが、ブランコの往復運動に効率よく注ぎ込まれるからだ。

物がもともと揺れやすい周期に合わせて力が加わり、その結果、大きく振動するようになる現象を「共振」とよぶ。また、このもともと揺れやすい周期を、そのブランコの「固有周期」という。

これは、ブランコのような〝物〟だけではなく、水でも起きる。洗面器に水を張り、それを左右に揺すってみる。揺する周期をすこしずつ変えていくと、急に水面が暴れ出して水が飛び跳ねるときがある。洗面器の水がもともともっていた固有周期と、揺すり方とが一致したのだ。

同じことが、津波でも起きる。陸地になかば囲まれた湾の海水は、洗面器と同じように固有周期をもっている。日常的な風の波だと気づくことはないが、どんな湾でも、その内側の海水が全体として揺れやすい固有周期をもっているのだ。洗面器の水の固有周期は、洗面器の大きさや形によって違う。湾の海水の固有周期も、やはり地形によって湾ごとに違う。

湾に津波が次々とやってきたとき、その時間間隔がたまたま湾の固有周期と一致してしまうと、洗面器の水が飛び跳ねるように、津波は大きく増幅される。これが津波の共振現象だ。

津波はなぜ、次々とやってくるのか?

ここで、ちょっと脇にそれて話しておきたいことがある。

いま、「湾に津波が次々とやってきたとき」と述べた。だが、ここまでの説明では、じつは津波は次々とはやってこない。どういうことか?

津波の発生は、急に盛り上がったりへこんだりする海底の変形が原因だった。津波は、たとえばロープの片方の端を柱にくくりつけて、もう一端を上下させるときのように、いくつもの山や谷がつくりだされるわけではない。最初は、山や谷が1個だけだ。ならば、津波はひとつやってくれば終わりになるのではないか。

津波警報などが出ると、テレビでは「第2波、第3波のほうが高くなることもあるので、じゅうぶんに注意してください」などと呼びかけている。発生したときは1個だった山や谷に、なぜ第2波や第3波が生じるのか?

それには、さまざまな要因が関係している。

ひとつは、津波の反射だ。途中で反射した波が、発生した場所から直接やってきた津波に続いてやってくる。どこかの海岸で反射してくる場合もあれば、海岸でなくても、急に水深が変わっているところで反射する場合もある。津波は「長波」なので、海面から海底まで水が動いている。したがって、海底が大きく盛り上がっていれば、津波はそれを〝壁〟と感じて反射を起こすのだ。

じつは「長波」ではない!?

現実の津波が、厳密には「長波」になっていないことも、複数の山／谷がやってくることになる要因のひとつだ。

長波とは、水深にくらべて波長が極端に長い波のことだった。そして、長波の進むスピードは、それが長波であるかぎり、波長が長かろうと短かろうと同じだ。そのスピードは、水深だけで決まる。長波は、波長によって進むスピードが変わらない、分散性のない波だ。

津波が発生したとき、海面の波形はひとつの山または谷だが、この形にはじつはさまざまな波長の波が混じっている。逆にいえば、さまざまな波長の波を成分として津波の波形はできあがっている。

もし、津波の成分であるすべての波が長波だったら、どれも同じスピードで進むので、その重ね合わせであるもともとの津波も、その形を変えずに伝わるはずだ。

だが、現実の津波では、その成分である波が〝理論上の長波〟と完全に一致しているわけではない。その結果、成分の波が進むスピードは、波長によって違ってくる。長波ではないふつうの波では、波長が長いほどスピードが速いので、成分の波がバラバラになって、波長の長いものから並んで進んでくることになる。

反射したり、複雑な海底地形の影響を受けたり、成分の波がバラバラになったり……。現実の津波は、海面の山や谷がひとつだけやってくるという単純なものではない。さらには、次項で説明する〝新たな波〟も加わって、海面の高まりは何度も何度も押し寄せてくることになる。

津波がつくりだす「新たな波」

津波は、海岸に達すれば反射してもどっていく。だが、そのとき津波は、ただおとなしくもどっていくわけではない。沿岸にへばりついて離れない、新しい種類の波をつくりだすことがあるのだ。この、新たに生まれた波が岸に沿って進み、津波とあいまって波高を高める要因になる。

津波が生み出す〝新たな波〟とはなにか？

海底の地形は通常、海岸から沖合に向かって１００キロメートルほどは緩い傾斜で深くなっていき、そこから先は急に深くなる。この緩い傾斜の部分が、大陸棚だ。

いま、岸で反射して斜めに沖へもどっていく波を考える。長波は水深の深いほうがスピードが速いので、横一列に続く波頭のうち、より深いところにある部分は速く進む。

ここでもまた、波の動きを、横に手をつないだ子どもたちになぞらえて説明しよう。こんどは岸からの反射波だから、波は岸から離れる向きに進んでいる。いま、岸から見て右前方に向かって反射波が進んでいるとしよう。すると、左側のほうが水深が深いので、波の進行スピードは速

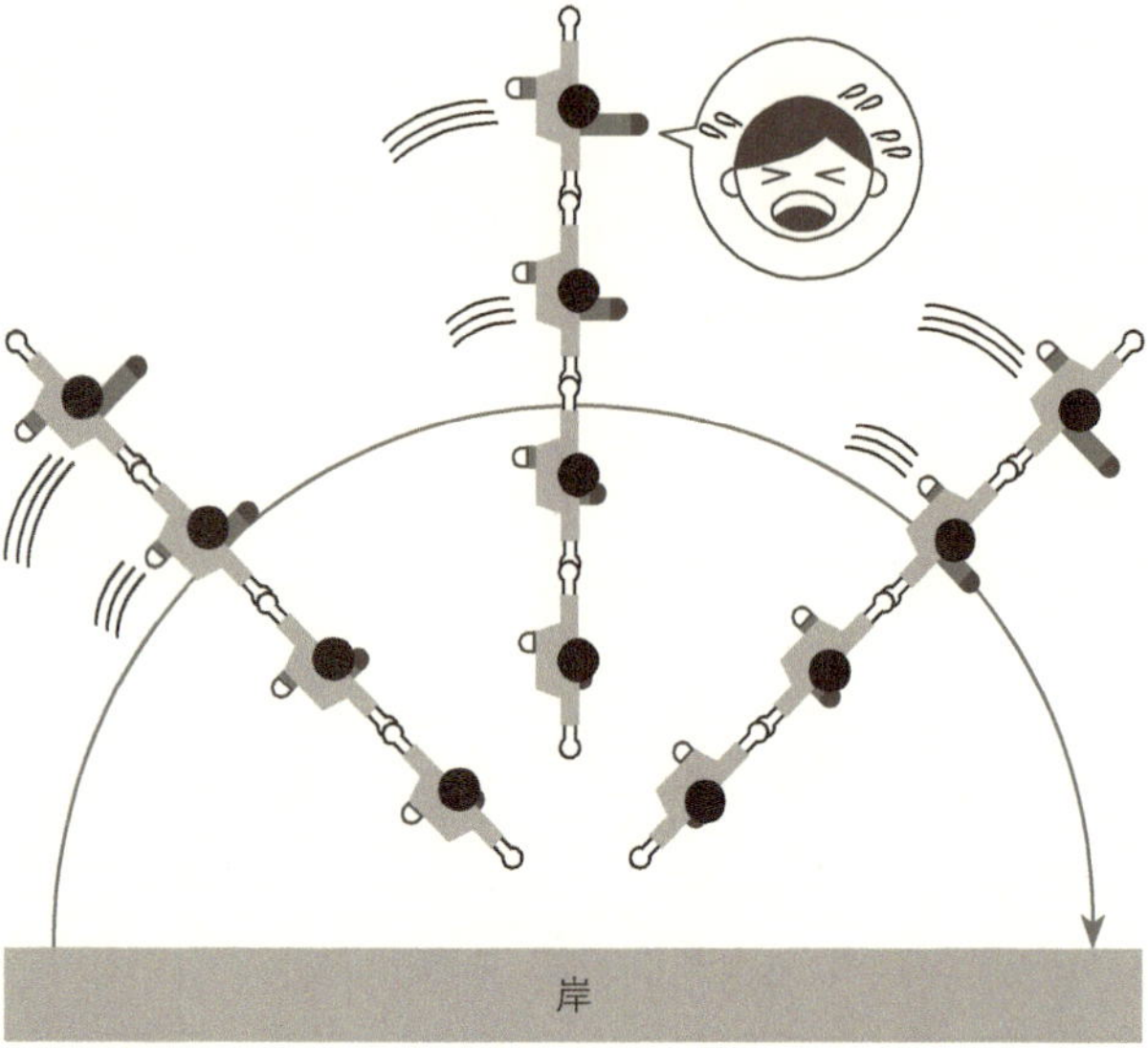

い。左側の子どものほうが、歩くスピードが速いのだ。
その結果、列の左のほうが右よりも速く進み、列は上から見て時計まわりに回転していく。どんどん回転していって、はじめは岸から沖に向かっていた波が、やがて岸の方向に向きを変える。つまり、沖に出ていかずに、もどってくるのだ。これもまた、波の屈折がなせる業《わざ》だ。こうして方向転換した波が、また海岸で反射して……。これを繰り返す。
もし、反射した波がまっすぐ沖に出ていくのなら、このような現象は起きない。岸と平行に横に連なった波頭は、どこも水深が同じだからだ。反射波が斜めに沖に出ていったときにだけ、波が岸の近くにとらえ

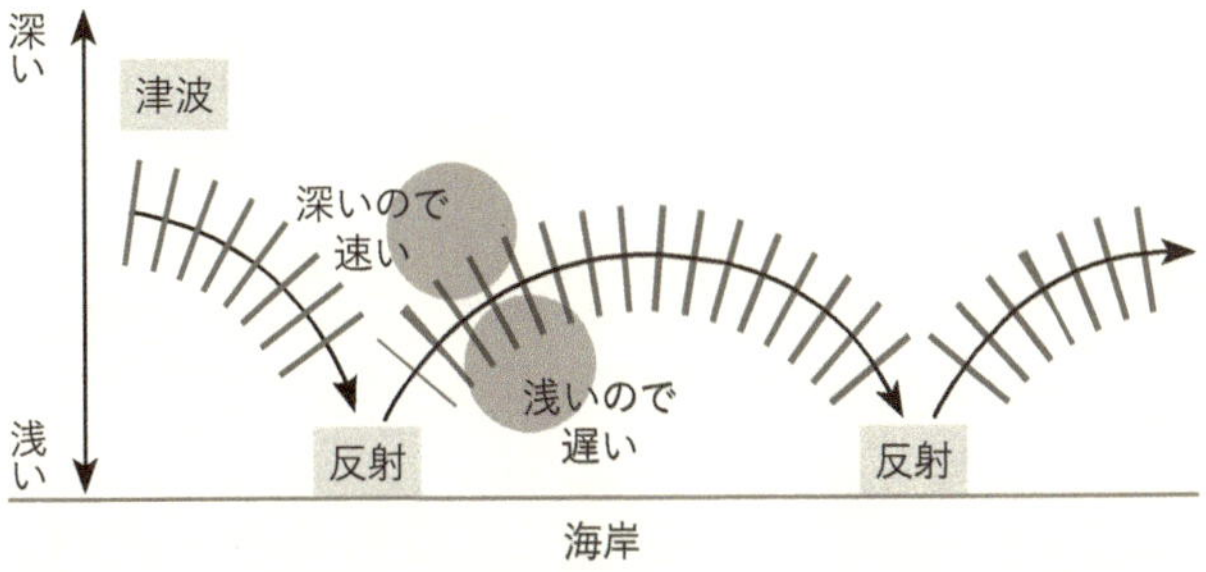

4-14 エッジ波の発生　長波は深いところほど速く進むので、沖に出ていった反射波がもどってきて、海岸近くでとらわれてしまうことがある。これをきっかけに、岸を伝わるように進む「エッジ波」が生まれる。

られて岸沿いに伝わる新たな波となることがある。このような波を「エッジ波」とよぶ（図4－14）。「エッジ」とは、「端」という意味。海から見て、水の端っこにあたる海岸を伝わる波を指している。

このエッジ波が、津波そのものとはあまり関係のないタイミングで、高い波高を記録することもある。沿岸に到達した津波が引き起こす物理現象の複雑さを物語る一例だ。

個性を曲げない「孤立した波」

岸に近づいて高まってきた津波の先端部が、「ソリトン」とよばれる特殊な波になることがある。

１９８３年に秋田県沖で起きた日本海中部地震では、珍しいこのソリトンの写真が撮影されている（写真4－B）。津波が川を遡っていくのだが、川幅いっぱいに横に広がった波頭が、次から次へと幾重にも続いているふし

4-B **1983年に発生した日本海中部地震の際に観測された「ソリトン分裂」**（『昭和58年 日本海中部地震写真報告集』より転載。東海大学海洋学部提供）

ぎな光景だ。ふつうの「うねり」がいくつも押し寄せているようにも見えるが、これは、津波にともなう「ソリトン分裂」という現象だと考えられている。

ソリトンの「ソリ」は、孤立していることを意味する英語の「ソリタリー」の「ソリ」。末尾の「オン」は「粒子」を意味している。物理学では光を粒子と見なし、その粒子を英語で「フォトン」とよぶが、その末尾の「オン」と同じだ。つまり、ソリトンとは、あたかもたったひとつの粒子であるかのように、自分の個性を保って形を変えずに進んでいく孤立した波のことだ（図4－15）。

たんに「形が変わらない」というのではない。形が変わらないだけならば、沖合を進むうねりもそうだ。だがそれは、水深が浅くなるとか、まわりの地形が変化するといった、「波の形を変える要因」が存在しないからだ。

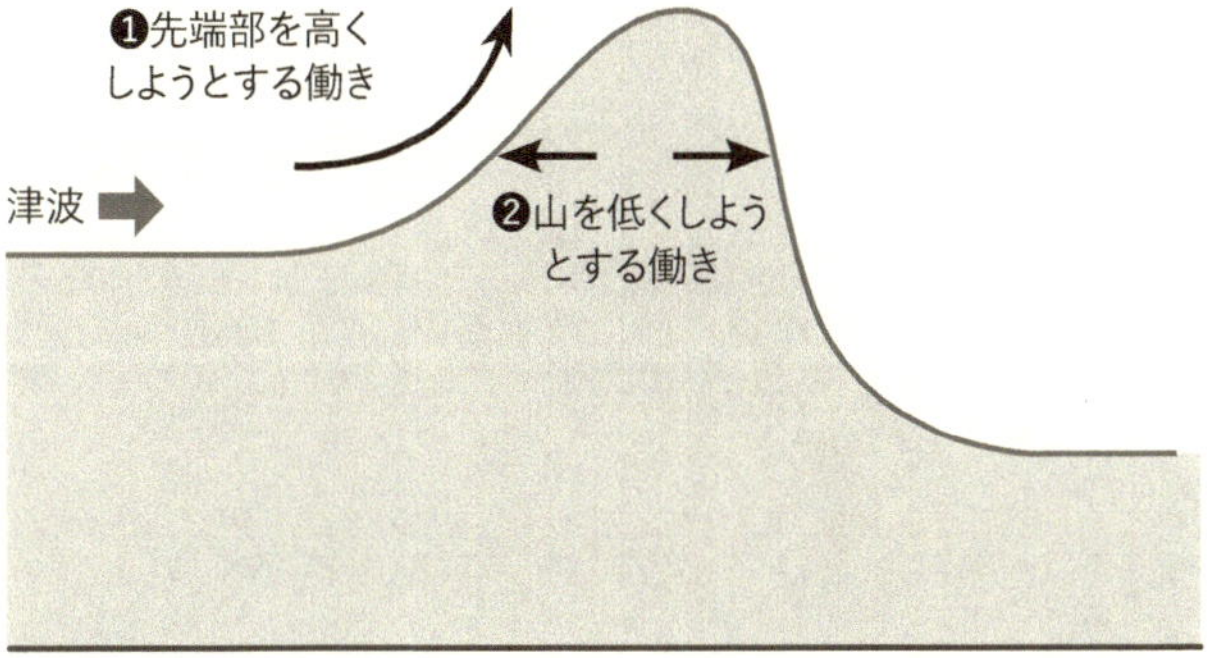

4-15 津波の先端部にできる「ソリトン」の概念図　後ろからおおいかぶさって先端部を突っ立てようとする働き（❶）と、山を低くしようとする働き（❷）がうまくバランスし、形の変わらない「孤高の波」ができる。

ソリトンの場合は、そうではない。津波が沿岸に近づいて変形してくるはずなのに、その原因となる要素が絶妙にバランスをとって、結果として形を変えずに進む。

では、なにとなにがバランスしているのか。

津波が水深の浅いところに入ってくると、津波のエネルギーが浅い水に集中して波高が高くなるという話をした。波高が高まると、波形の上下幅を小さいとして無視できる「微小振幅」の波ではなくなる。波形の山と谷の違いを無視できない状態だ。そうなると、波の山の部分は、盛り上がったぶんだけ周囲より水深が深いことになるので、進むスピードが速まる。山の部分が、前を進む盛り上がりのはじまりの部分に追いついて、波の先端部は突っ立ってくる。波の先頭が、切り立った壁のようになってくる――そういう話だった。

もし、この状態がそのまま進行すれば、やがて波頭が波の前方に投げだされて砕波する。この波が形を保って進むためには、先頭がさらに切り立ってくるのを抑える必要がある。

先ほど、実際の津波の波形には、長短さまざまな波長の波が成分として含まれていると説明した。そのなかには、波長が長いほど進むスピードが速いような波、つまり長波とはいえないような波もある。だから、津波をつくりあげている波の成分は、すべてが同じスピードで進むのではなく、速い波と遅い波が出てくる。それぞれが、津波のエネルギーの一部を抱えて前後にばらけていくので、波形のすそ野は広がり、山は低くなる。津波には、もともとこのような性質がある。

一方では、波形のすそ野が狭くなって波の山が高く突っ立っていく働き。もう一方では、すそ野を広げて山を低くする働き。このふたつの働きが津波の先端部でちょうどバランスしたとき、高く突っ立ち、孤立した「孤高の波」が砕けずに進んでいくことになる。これが、ソリトン。見た目は単純だが、しくみはじつに複雑な波だ。

分裂するソリトン

津波は、波長の長い波だ。水面の盛り上がりが何十キロメートルも続く。先ほどから説明しているように、水深が浅くなると、津波の先端部はしだいに切り立って壁のようになってくる。

急峻な山のように立ち上がった津波の先端部が砕けずにソリトンとして生き残るとき、それが

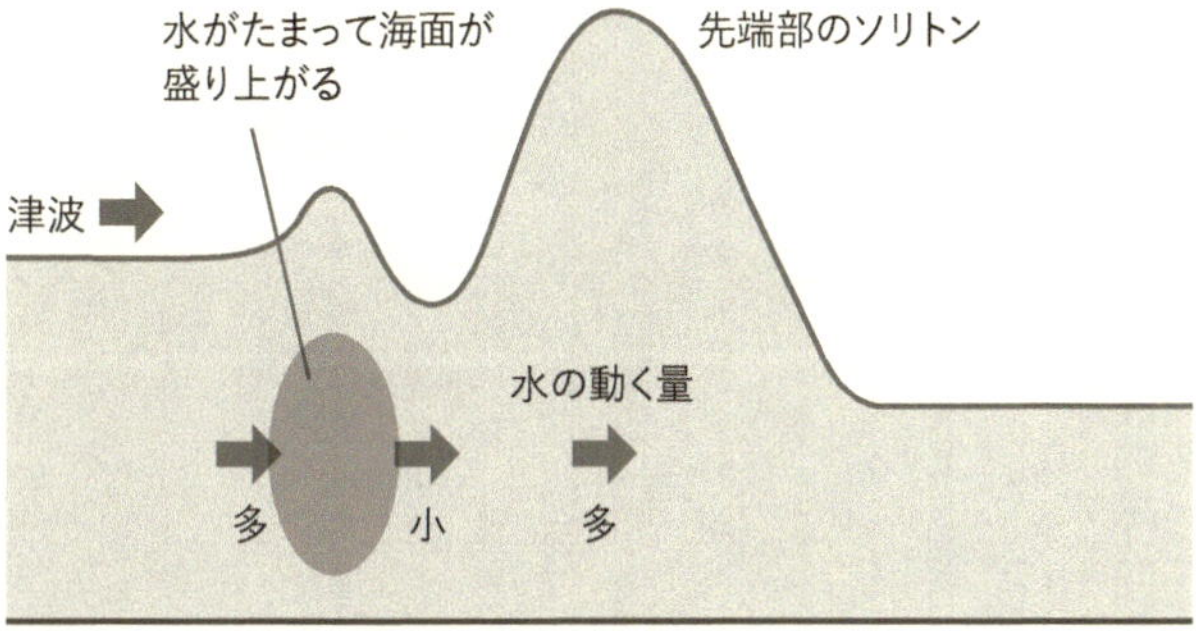

4-16 津波のソリトン分裂　先頭のソリトンの後ろに水がたまり、海面が盛り上がる。これが、次々と起きて、ソリトンが分裂していく。

分裂して後続の波が生まれることがある。これが、写真４－Ｂで見た「ソリトン分裂」だ（図４－16）。日本海中部地震の津波が川を遡った際に見られた波の列は、ソリトン分裂でできたと考えられている。

先端部が急に高くなっているということは、すぐ後ろからそこに余分な水が流れ込んだということだ。すなわち、この高まりのすぐ後ろは、水がすこし不足している。したがって、水位が下がる。つまり、そこに「谷」ができる。

津波にともなって水は全体として波の進む向きに動いているのだが、この新しく生まれた谷の下では、水の動きがすこし小さくなっている。水面に波ができると、谷の下の水は波が進むのと反対向きに動くからだ。谷のすぐ後ろには津波本体の水が押しつけられて、海面は盛り上がる。こうして、津波の本体にくらべて波長のずっと短い山と谷が次々と生まれる。それがソリトン分裂だ。

分裂したソリトンの波は、崩れないままどんどん高まっていくことがある。波長が短く、海面の上下が急なので、港や川の船を小刻みに揺らして転覆させるような被害につながる恐れもある。ソリトン分裂が発生したからといって、津波の波高が何倍にもなるわけではないが、別の形の災害に注意する必要がある。

沖合を進むうちはそれほどでもなかった津波の波高が、沿岸に近づくと急に高まり、ときに港に大きな災害をもたらす。そもそも、津波の「津」とは港のことだ。「津波」という命名それ自体が、波が岸に近づいて変形した脅威の姿から来ているのだ。

だが、人々の暮らしを脅かすその波高や来襲のタイミングを正確に予測することは、現代の科学ではきわめて難しい。津波の原因となる海底の変形がどのようなものかがはっきりわからないことに加え、これまで説明してきたように、沿岸の微妙な地形がさまざまな形で津波の増幅に影響をおよぼすからだ。

気象庁から津波警報や津波注意報が出たら、その高さを予測する数字に惑わされることなく、とにかく用心すること。間違っても、海岸に近づいたりしてはいけない。その心がけが大切だ。津波とは、そういうものなのだ。

まだいる「波の仲間たち」

風がつくる波と津波の話も、いよいよおしまいのときが来た。

このふたつは、印象こそおおいに違うが、要するに地球の重力によって水面を伝わる波であり、実際には同じものだった。

大きく違うのは、その波長だ。風がつくる波の波長は、せいぜい数百メートル。それに対して、津波の波長は100キロメートルを超えることもある。その違いを生むのは、波が最初にできる原因の違いだ。津波は、海底の大規模な変形によって生まれる。

海面の波にともなう水の動きは、波長が長いほど深いところまでおよぶ。だいたい波長と同じくらいの深さまで、水は動いていると思っていい。この水の動きが、海底で妨げられるか妨げられないかで、同じ海面の波でも、性質がすっかり変わってくる。

波が海底を感じるか、感じないか——。それが、津波と風の波の性格の違いを生む。

そして、風の波にしても津波にしても、海岸に近づくと、大海原をわたっていたときとはようすがまったく変わってくる。波が高まったり、崩れたり。水深が浅くなって、海岸線も影響してくるからだ。そういうお話をしてきたが、じつは海には、これら以外にも波がある。

潮の満ち干も、じつは、地球規模の壮大な波だ。月や太陽からの引力が波を起こし、自転する地球に特有の「コリオリの力」や重力の働きで伝わっていく。台風にともなって、ときに沿岸に大きな被害をもたらす高潮も、やはり波の仲間だ。

海面ではなく、海の内部にできる波もある。海水の密度は水深とともに変わっていくので、水と空気という密度の違う物質が接している水面に波ができるように、海の内部にも波が生じうるのだ。海の内部の波なんてどうでもいいじゃないか、と軽んじてはいけない。この波が、地球の気候に深く関係する深層の海流に大きな影響を与えているのだから。

太平洋の赤道海域で海面水温が通常とは変わってしまう「エルニーニョ」や「ラニーニャ」といった現象にも、スケールの大きな特殊な波がかかわっている。

まだまだたくさんの謎を秘めた波の仲間たち。彼らについては、この本で取りあげることができなかった。機会があれば、ぜひまたどこかで紹介したい。

あとがき

人はだれでも、一生のうちに何度かは、そのとき自分がなにをしていたかを忘れられない出来事に出合うという。

２０１１年3月11日午後2時46分――。わたしは、そのころ勤めていた東京都心の新聞社にいた。午後3時まえの新聞社には、夕刊をつくる作業も終わってほっと一息という雰囲気が流れている。そこに、ユサユサと揺れが来た。

情報が入り乱れて、いったいなにが起きているのかが正確につかめない。なんといっても衝撃だったのは、仙台空港が津波に飲まれていくニュース映像だった。仙台は、わたしの初任地だ。もちろん、仙台空港も利用した。あの空港はたしかに海に近いが、〝海辺につくった空港〟ではない。海と空港のあいだに住んでいる人たちはどうなったのか――。

津波をかぶった東京電力福島第一原子力発電所の爆発事故が、この惨事に追い打ちをかけた。東日本大震災の報道にあけくれるなかで、強く思った。

――津波の科学について本を書きたい。

気象庁の津波警報は大きく外れたが、それをいたずらに責めても、自分たちを守ることはできない。そうではなく、津波とはどういうものなのか、その科学をみんなで共有することで、津波に対する社会の感度をとぎすます道もあるのではないか。

もうひとつある。2003年に、同じブルーバックスで『謎解き・海洋と大気の物理』を書いてから、ずっと気になっていた。あの本で書いたのは海流の話だが、海には海流に優るとも劣らない身近な物理現象がある。それが「波」だ。ぜひこの両方を完結させて、物理の目で海を見る楽しさと充実感を伝えたい。

現在のわたしは、新聞社を早期退職し、東京大学海洋アライアンスで仕事をしている。海洋アライアンスは、東京大学にいる海洋関係の研究者たちが協力し、日本財団の支援を得て、社会に役立つ新しい知をつくりだしていこうという大学内の組織だ。海に関する情報の発信も役目のひとつ。東日本大震災のときは、担当分野が違ったので、残念ながら津波について記事を書くことはできなかった。だから、新しい職場で真っ先に頭に浮かんだのが、この『謎解き・津波と波浪の物理』の執筆だった。

さいわい、まわりには専門家がいる。海洋アライアンスの丹羽淑博特任准教授と稲津大祐特任准教授には、ことあるごとに相談にのってもらった。丹羽さんは、この本の理解を深める波の動画もつくってくれた。深く感謝しています。

そして、いつも居心地のよい家庭をつくってくれている妻と娘と息子。なんの憂いもなく気持ちの入った原稿を書き上げることができたのは、あなたたちのおかげです。ありがとう。

２０１５年７月

保坂　直紀

【た行】

【な行】

さくいん

【あ行】

【か行】

【さ行】

N.D.C.452.5　222p　18cm

ブルーバックス　B-1924

謎解《なぞと》き・津波《つなみ》と波浪《はろう》の物理《ぶつり》

波長と水深のふしぎな関係

2015年７月20日　第１刷発行
2024年３月18日　第２刷発行

著者　保坂直紀《ほさかなおき》
発行者　森田浩章
発行所　株式会社講談社
〒112-8001 東京都文京区音羽2-12-21
電話　出版　03-5395-3524
販売　03-5395-4415
業務　03-5395-3615
印刷所　（本文表紙印刷）株式会社ＫＰＳプロダクツ
（カバー印刷）信毎書籍印刷株式会社
製本所　株式会社ＫＰＳプロダクツ

定価はカバーに表示してあります。

ISBN978-4-06-257924-7

発刊のことば

科学をあなたのポケットに

二十世紀最大の特色は、それが科学時代であるということです。科学は日に日に進歩を続け、止まるところを知りません。ひと昔前の夢物語もどんどん現実化しており、今やわれわれの生活のすべてが、科学によってゆり動かされているといっても過言ではないでしょう。

そのような背景を考えれば、学者や学生はもちろん、産業人も、セールスマンも、ジャーナリストも、家庭の主婦も、みんなが科学を知らなければ、時代の流れに逆らうことになるでしょう。

ブルーバックス発刊の意義と必然性はそこにあります。このシリーズは、読む人に科学的に物を考える習慣と、科学的に物を見る目を養っていただくことを最大の目標にしています。そのためには、単に原理や法則の解説に終始するのではなくて、政治や経済など、社会科学や人文科学にも関連させて、広い視野から問題を追究していきます。科学はむずかしいという先入観を改める表現と構成、それも類書にないブルーバックスの特色であると信じます。

一九六三年九月

野間省一